KB023718

난해하고 복잡했던
상대성 이론이 쉽게 이해되는

상대성 이론 아는 척하기

브루스 바셋 지음 | 랄프 에드니 그림
정형채 · 최화정 옮김

난해하고 복잡했던
상대성 이론이
쉽게 이해되는

상대성 이론 아는 척하기

팬덤북스

CONTENTS

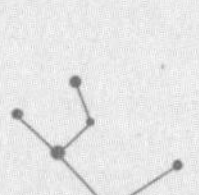

CONTENTS

시간과 공간의 조건

독일 철학자 임마누엘 칸트Immanuel Kant, 1724~1804는 그의 혁명적인 저서《순수이성비판The Critique of Pure Reason》1781에서 지식의 결정적인 한계를 깊이 연구했다. 그는 시간과 공간이 우리 의식과 독립적으로 존재하지 않는다는 관점을 상세히 설명했다.

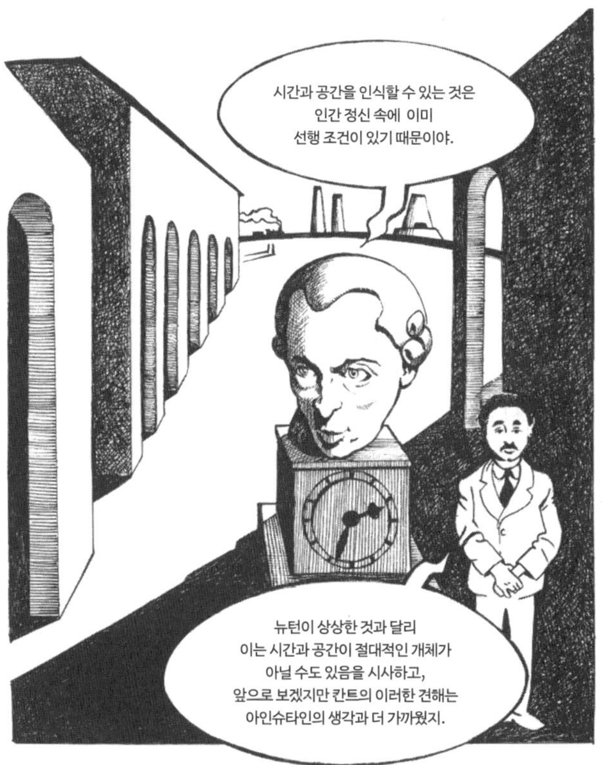

그럼에도 불구하고, 아인슈타인이 나타나기 전까지 물리학자들을 지배하는 철학은 아이작 뉴턴Issac Newton, 1643~1727에게서 유래되었다.

뉴턴의 물리학 고전 법칙

뉴턴이 가장 위대한 물리학자이자 수학자라는 데 논란의 여지가 없다. 뉴턴은 광학에 상당한 기여를 했고, 운동 법칙 세 가지를 발견했으며, 라이프니츠G.W. Leibniz, 1646~1716와 무관하게 독립적으로 미적분학을 개발했다. 하지만 아인슈타인의 상대성 이론을 이해하는 측면에서는 뉴턴의 다른 업적보다 보편적 중력 법칙의 발견이 가장 중요하다.

뉴턴 이전 시대에 천체의 행성 운동은
일상과 동떨어진 신비한 영역으로 간주되었지.

요하네스 케플러(1571-1630)

A_1

A_2

A_3

내가 이미
행성의 운동에 관한 법칙을
찾았지.

$$\frac{D^3}{T^2}=K$$

알아요.
하지만 그건 이론적 설명 없이
경험으로만 얻은 법칙이잖아요.

뉴턴이 사과나무 아래에서 중력이라는 위대한 발견을 했다는 이야기는 유명하지만 사실이 아니다.

뉴턴의 중력 법칙의 중요성은 그 법칙이 여러 현상을 단 한 개의 이론으로 통합하여 설명한다는 데 있다. 한 개의 통합 이론을 찾는 이러한 탐색 과정은 20세기, 21세기 물리학을 이끄는 원동력이다.

중력 법칙

질량 m, M을 각각 가진 두 물체 사이에 작용하는 중력을 F라 하면 뉴턴의 중력 법칙은

$$F = G\frac{mM}{r^2}$$

이다. 여기서 r은 두 물체 사이의 거리이고, G는 뉴턴 상수이다. 중력은 매우 약하기 때문에 G는 매우 작은 수이다. 이 중력 법칙이 함축하고 있는 것이 적어도 두 가지 있다.

첫 번째는 중력 법칙이
케플러의 행성운동 법칙을 수학적으로 추론한다는 것이지.
그동안 없었던 이론적인 설명을 중력 이론이 제공한 거야.

M
r
m

두 번째로 중력 법칙은
행성의 궤도가 원이 아니라 타원이라는
결과를 엄밀하게 보여주지.

뉴턴은 자신의 이론에서 몇 가지를 당연하게 받아들였다. 니콜라스 코페르니쿠스Nicolaus Copernicus, 11473~1543 이래로 많은 과학자가 인정했듯이 뉴턴도 지구가 더 이상 우주의 중심이 아니라고 생각한 반면에, 시간과 공간은 근본적으로 다른 것이고 둘 다 돌에 새겨진 것처럼 절대적이라고 가정했다.

나중에 논의하겠지만, 시간과 공간이라는 명백하게 다른 두 개념을 통합하려는 아이디어는 아인슈타인에게서 나왔다.

맥스웰의 전자기 이론

아인슈타인 이전에 이론물리학은 상당히 큰 발전을 이뤘다. 특히, 제임스 맥스웰James Clerk Maxwell, 1831~79은 자기와 전기를 통합하여 전자기학을 만들었다.

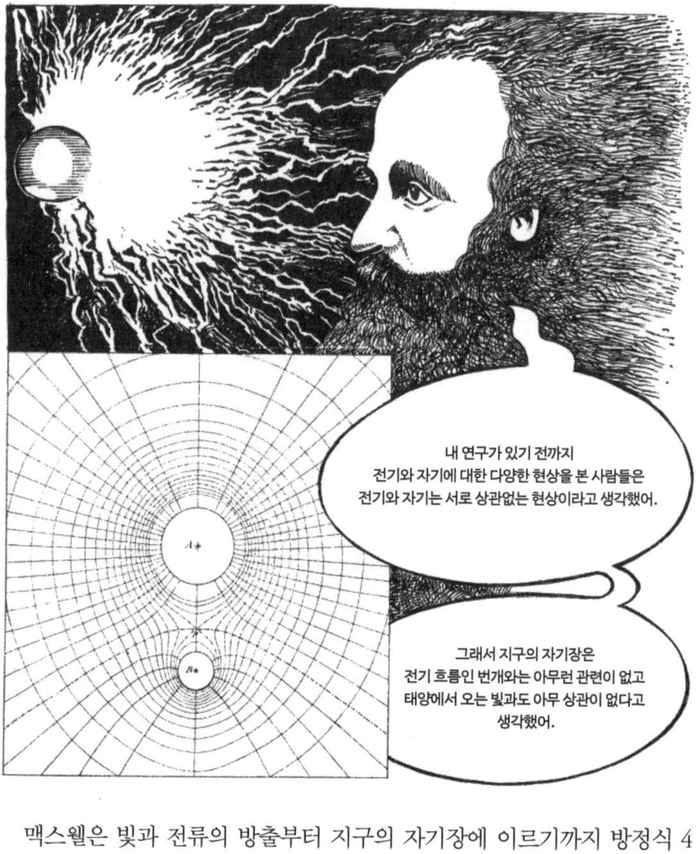

내 연구가 있기 전까지
전기와 자기에 대한 다양한 현상을 본 사람들은
전기와 자기는 서로 상관없는 현상이라고 생각했어.

그래서 지구의 자기장은
전기 흐름인 번개와는 아무런 관련이 없고
태양에서 오는 빛과도 아무 상관이 없다고
생각했어.

맥스웰은 빛과 전류의 방출부터 지구의 자기장에 이르기까지 방정식 4개를 이용하여 전기와 자기의 모든 현상을 설명했다. 맥스웰 방정식은 전기장과 자기장의 관계를 기술하고, 다양한 전기와 자기 현상이 일반적인 이론의 특수한 경우에 해당됨을 보여주었다.

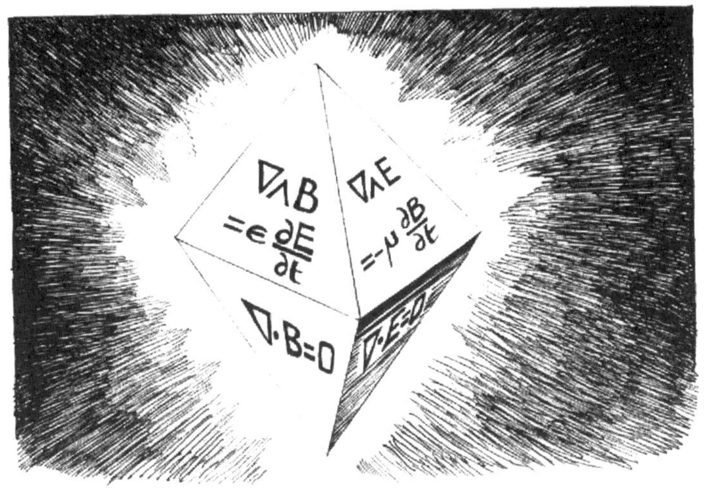

정적인 자기장은 전기장 없이도 홀로 존재할 수 있다**반대로 정적인 전기장은 자기장 없이 홀로 존재할 수 있다.**

그러나 전기장이 시간에 따라 바뀌면, 전기장의 변화는 자기장을 생성할 것이다. 그리고 반대의 경우도 마찬가지다.

빛이 이 경우에 해당되는데, 광속으로 시간과 공간을 통해 전파되는 진동하는 전자기장이 빛이다.

그래서 맥스웰이 이뤄낸 통합 이론은 뉴턴의 통합이론과 개념적으로 비슷하다. 뉴턴도 사과에 작용하는 힘이 지구를 태양 주위의 궤도를 돌게 하는 힘과 같음을 깨달았다.

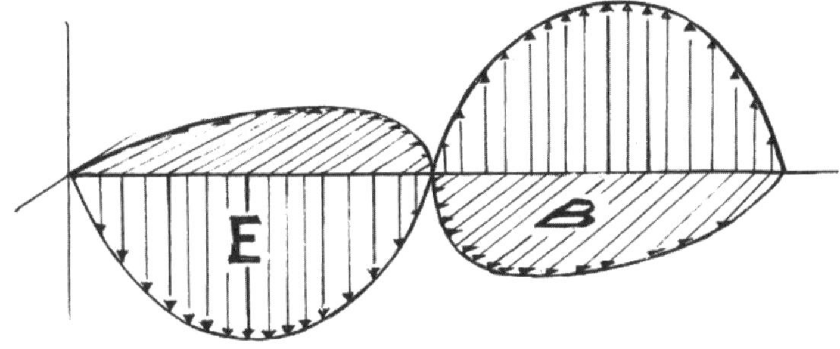

고전물리학의 문제점

물리학에 대한 이러한 진보적인 이야기는 몇 개의 문제점을 보여준다. 그 중의 하나는 중력 그 자체에 관한 것이다. 뉴턴의 중력 이론은 행성이 타원 궤도를 따라 움직여야 한다고 정확하게 예측했다.

수성

태양

나는 또한 근일점 (행성이 태양과 가장 가까워지는 지점) 이 공간에 고정된 위치에 있다고 예측했지.

하지만 수성의 궤도를 주의 깊게 관찰해보면 수성의 근일점은 조금씩 바뀌는 걸 알 수 있지.

원자의 수수께끼

원자는 물리학자들의 또 다른 골칫거리였다. 20세기에 들어설 즈음에 원자는 양전하의 원자핵과 이를 둘러싸고 있는 훨씬 가벼운 음전하의 전자로 이루어져 있다고 알려져 있었다. 전자의 음전하와 원자핵 사이의 끌림 때문에 전자는 원자핵 주위를 돌아야 하고 전자는 원자핵과 직접적으로 충돌한다.

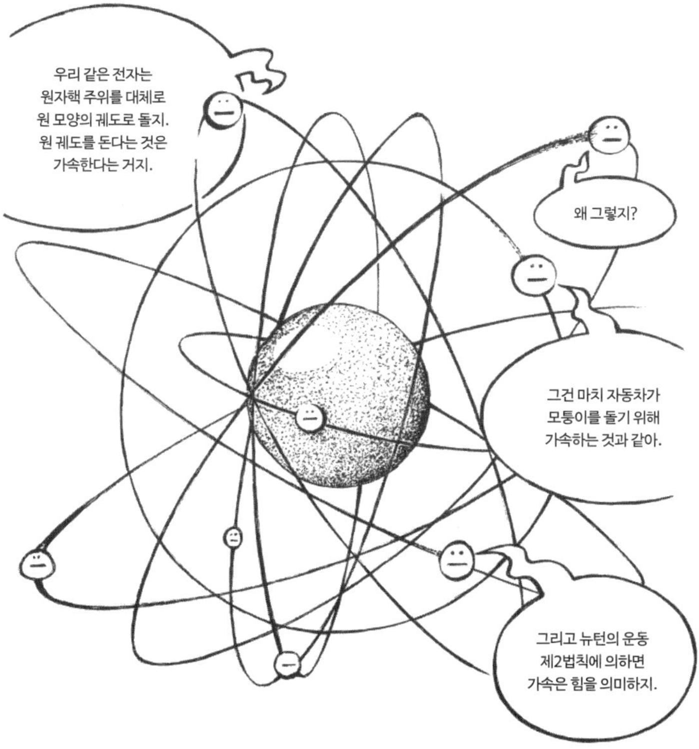

주요 미스터리

맥스웰의 전자기 이론에 따르면, 가속하는 전하는 가시광선의 빛또는 전자파나 전파 같은 다른 진동수의 전자기 복사를 방출한다고 알려져 있다. 이때 나오는 빛은 전하의 가속도의 세기에 따라 에너지가 달라진다. 전자가 빛의 방출로 인해 에너지를 잃는다면, 전자는 원 궤도가 아니라 나선 모양을 만들며 안쪽으로 움직이기 시작할 것이며 1000억 분의 1초 내에 원자핵과 부딪힐 것이다.

닐스 보어

우리가 수십 억 년의 기간에 걸쳐서
안정된 원자를 관찰한다는 사실이
대형 미스터리야.

막스 플랑크

그걸 설명하기 위해서는
양자역학을 도입해야 해.

에르빈
슈뢰딩거

현대 물리학의 배경

이제 우리는 앨버트 아인슈타인Albert Einstein, 1879~1955이 1905년에 특수상대성 이론에 대한 설명을 출판했을 당시 물리학계의 상황을 대강 알게 되었다. 아인슈타인 이론이 아무 것도 없는 진공상태에서 갑자기 생긴 것은 아니다.

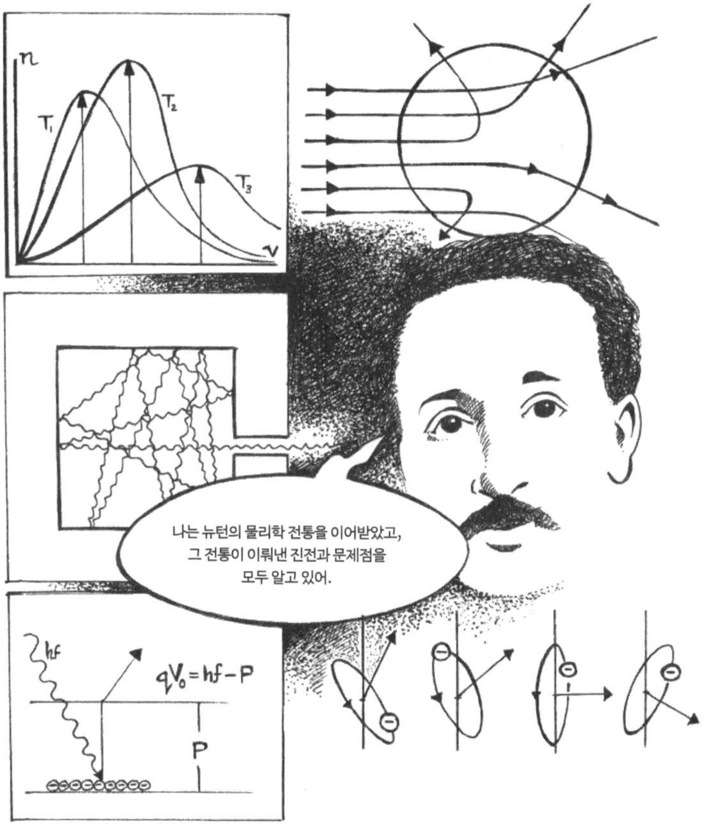

그렇게 아인슈타인은 그의 발견에 맥락을 더해줄 수 있는 특별한 '지적 환경'을 만들어 내는 세계적인 사건들 속에서 나타났다.

결정적 사건

1901년 빅토리아 여왕의 죽음은 상대적으로 안정된 시대가 끝나고 가속화된 혁신의 에너지가 폭발적으로 분출되는 20세기가 시작되었음을 알리는 신호탄이었다. 우리는 그 에너지와 혁신을 지금 '현대적'이라 부른다. 두 중대한 사건이 위험하면서도 새로운 세상을 만들었다. 그 첫 번째는 1914년부터 1918년까지 지속되었던 '제1차 세계대전'이다.

두 번째 결정적인 사건은 공산주의 소비에트 연방을 세우게 한 1917년 러시아의 '10월 혁명'이었다. 공산주의와 그에 대한 미국과 서유럽의 저항은 20세기의 절반 동안 세계를 지배한 '냉전' 무대를 마련했다.

운동의 시간

20세기 초의 에너지와 불안감은 다른 많은 굵직한 사건에 반영된 것을 볼 수 있다. 오빌 라이트Orville Wright, 1871~1948와 윌버 라이트Wilbur Wright, 1867~1912 형제는 1903년에 처음으로 동력 비행기를 만들었다.

1912년에 헨리 포드Henry Ford, 1863~1947는 대량 생산이 가능한 조립 라인으로 모델-T를 제조하여 수백 만의 사람들이 자동차를 탈 수 있게 되었다.

1907년 파블로 피카소Pablo Picasso, 1881~1973는 큐비즘이라는 획기적인 회화 기법을 소개했다. 이 큐비즘은 조지 브라크Georges Braque, 1882~1963에 의해서도 개발되고 있었다. 영국 철학자 버트런드 러셀Bertrand Russell, 1872~1970과 화이트 헤드A.N. Whitehead, 1861~1947는 1910~13년에 어마어마한 책《수학 원리Principia Mathematica》를 출간했다. 이 책은 엄격한 논리를 기반으로 수학이 무엇인지 다시 생각하게 만드는 시도였다.

우리는 특수상대성의 본질을 개략적으로 이야기한 다음, 일반상대성General Relativity, GR의 복잡한 특징에 초점을 맞출 것이다.

로런츠 변환

아인슈타인은 다른 사람들이 종종 무시하곤 했던 발견을 잘 활용하여 자신의 것을 만들 수 있는 위대한 사색가였다. 그 단적인 예로 로런츠H.A. Lorentz, 1853~1928의 연구가 있다.

그리고 이 관계는 $t_{아이슈타인} = \dfrac{t_{로렌츠}}{\sqrt{1 - \frac{v^2}{c^2}}}$ 로 쓸 수 있다.

특수상대성 이론의 놀라운 결과는 물체가 대략 초당 300,000km인 빛의 속력과 비슷하게 움직이면, 상대적 운동에 대해 통상적으로 우리가 가지고 있는 직관이 맞지 않음을 보여주었다는 것이다. 빛의 속력은 아인슈타인의 이론에서 관찰자의 속력과 상관없는 기본 상수이다.

길이 수축의 효과

앨리스와 밥은 서로 상대방이 보기에 일정한 속력 v로 움직이고 있다. 밥은 앨리스에게 어떻게 보이는가?

앨리스는 밥이 보는 거리보다 더 짧게 본다.

시간 팽창

비슷하게, 상대 운동을 하는 관찰자들에게는 시간이 흐르는 비율이 다르다. 그러면 더 빨리 움직였을 때 시간은 느려질까 아니면 빨라질까?

하지만 밥의 시간이 앨리스 시간의 반의 비율로 흐르게 하기 위해서는 밥이 광속의 86% 정도의 속력으로 움직여야만 한다. 따라서 이런 일은 지구 생명체에게 해당되지 않는다. 그러나 다음에 볼 수 있듯이, 시간 팽창은 실제로 관측되었다.

뮤온 관찰하기

우주선cosmic ray은 우주공간에서 날아와서 거의 빛의 속도로 대기와 부딪힌다. 그 충돌로 거의 빛의 속도로 움직이는 뮤온**전자와 성질이 비슷하나 전자보다 무거운 입자**이 생긴다.

뮤온의 빠른 운동으로 인해 시간 팽창이 이루어져 뮤온은 20배나 더 오래 존재하므로 관찰된 개수의 뮤온이 해수면에 도달할 충분한 시간이 되는 것이다.

1) 광속으로 움직일 때 10억 분의 1초 동안 갈 수 있는 거리는 $d=(30\text{만km/초})\times\frac{1}{10\text{억}}\text{초}=3\text{m}$ 이다. 따라서 시간 팽창을 고려하지 않는다면 하늘에서 만들어진 뮤온이 바다에 도착할 수 없다.

에너지는 질량이다, 질량 에너지

아인슈타인의 유명한 공식은 $E = mc^2$이다. 여기서 m은 '정지 질량'으로 물체가 정지해 있을 때 갖는 질량이다. 아인슈타인의 공식은 질량이 엄청난 양의 에너지로 바뀔 수 있음을 보여준다. 그런데 물체가 빠르게 움직이면 어떻게 되는가? 이 경우에 물체는 운동 에너지도 갖게 된다. 사실 아인슈타인 방정식의 완전한 형태는…

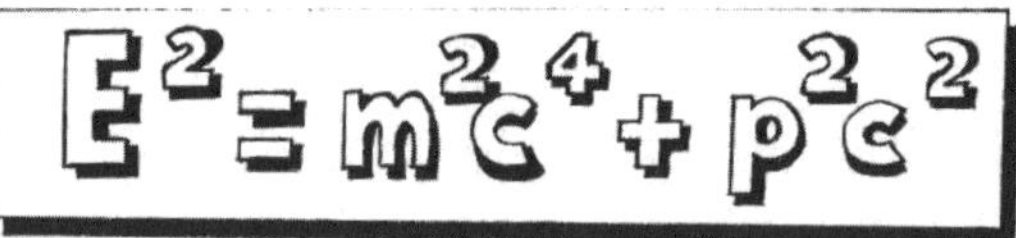

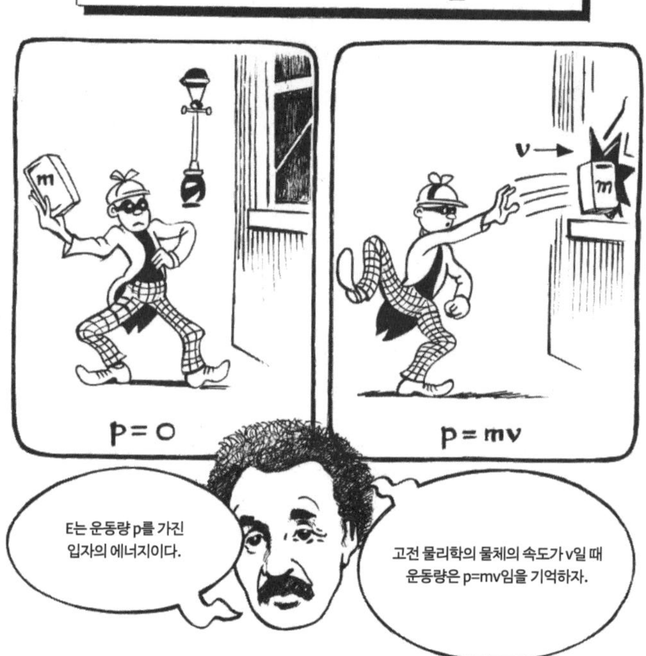

입자가 정지되어 운동 에너지가 없을 때, $E^2 = m^2c^4$가 성립하고, 이는 좀 더 익숙한 $E^2 = mc^2$이 된다. 에너지는 질량이고 질량은 에너지이다.

하지만 정지 질량이 없는 입자를 생각해보자. 예를 들면, 광자photon가 있다. 아인슈타인의 공식은 이러한 입자도 에너지를 가지고 있음을 보여준다. 즉 E=pc이며 이는 빛의 입자 이론이다. 한편, 빛은 또한 파동으로 이해될 수도 있다. 즉, E=hf이다. 여기서 h는 플랑크 상수, $f=\frac{c}{\lambda}$는 진동수이며 λ는 빛의 파장이다. 따라서 광자의 $p=\frac{E}{c}=\frac{h}{\lambda}$운동량, 로 설명하게 되었다.

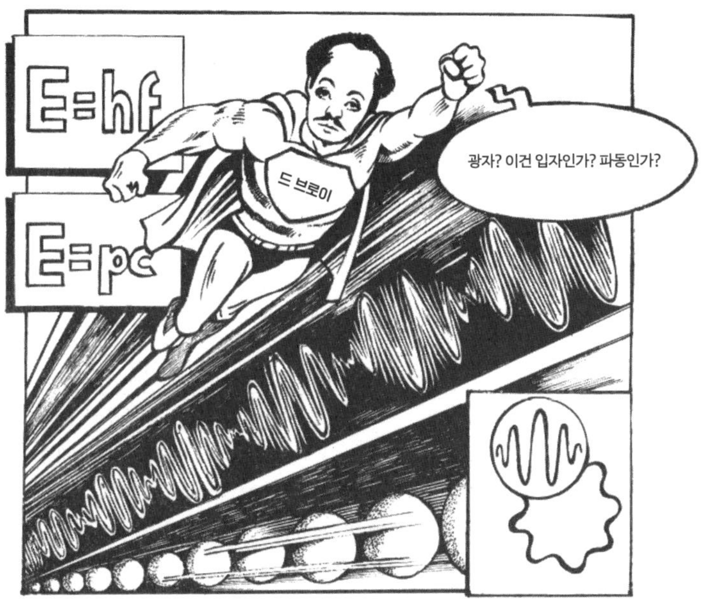

파장이 짧을수록, 광자의 운동량은 더 커진다.

이러한 이유로 가시광선이나 적외선보다 짧은 파장 또는 더 높은 진동수를 가진 자외선UV이 피부암을 유발한다.

그런데 플랑크 상수, h는 무엇인가?

플랑크 상수, h와 양자효과

h= 0.000 000 000 000 000 000 000 000 006 626

플랑크 상수, h는 매우 작은 수이지만 양자효과의 크기를 좌우한다.

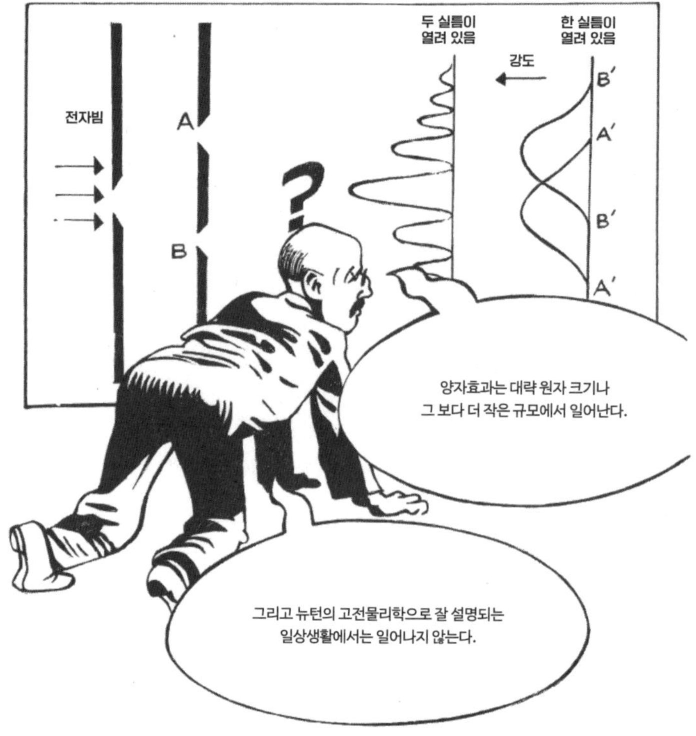

양자크기[2]의 세계에서는 입자가 '입자'**국부적인 작은 에너지 덩어리**처럼 행동할 뿐만 아니라 **물의 파동과 같이** 분산되는 파동처럼 행동한다. 파동-입자 이중성은 빛이나 전자, 물질을 이루는 모든 입자들이 공통으로 가지고 있는 효과이다.

2) 양자 역학을 적용해야 하는 원자 정도의 작은 크기

다른 예로는 장벽투과가 있다.

양자물리학과 고전물리학

광속, c와 뉴턴의 중력상수, G는 양자효과와 전혀 관계가 없다는 점에서 고전적이다. 만약에 광속, c가 10m/s 정도로 작다면 특수상대성 이론은 훨씬 일찍 발견되었을 것이다. 왜냐고? 모든 사람들이 시간 팽창과 길이의 모순을 직관적으로 이해했을 것이기 때문이다.

하지만 만약에 G=0이면 더 이상 중력은 없을 것이고, 행성이나 별의 생성도 없게 되어 우주는 매우 이상한 곳이 될 것이다.

디랙의 반물질 anti-matter

자, $E^2=m^2c^4$이 있는 아인슈타인 방정식으로 돌아가 보자. E에 대한 방정식보다 E^2에 대한 방정식이 중요한 경우가 있는가? 그렇다. 그런 경우가 있다. 폴 디랙Paul Dirac, 1902~84은 E^2에 대한 방정식에서 E를 구하기 위해 제곱근을 취할 때, 수학적으로 두 개의 해가 있음에 주목했다. 이는 2x2=4이고 (-2)x(-2)=4인 것을 알면 이해하기 쉽다. 음의 제곱근은 음 에너지 상태라고 할 수 있다. 이를 기반으로 **또한 훨씬 더 많은 엄격한 해석을 통해서**, 디랙은 음 에너지를 가진 반물질을 제안했다.

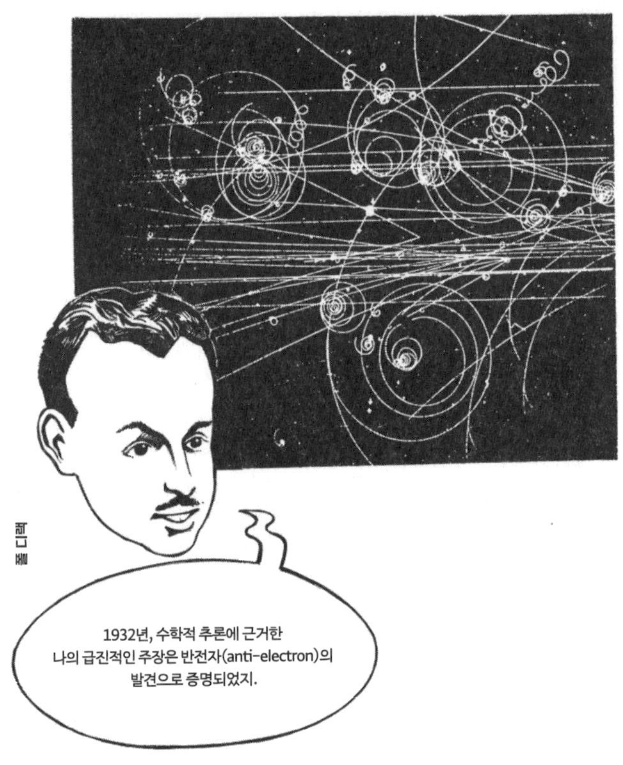

마이컬슨-몰리 실험

1881년에 앨버트 마이컬슨Albert Michelson, 1852~1931은 지구의 운동이 광속에 영향을 미치는지 시험해보는 실험을 고안했다. 1887년, 마이컬슨과 몰리E.W. Morley, 1838~1923는 고감도로 실험을 수행했고, 이 실험을 통해 광속은 빛이 지구와 같이 이동하는지 또는 지구의 운동과 반대로 이동하는지에 따라 좌우되지 않음을 알게 되었다.

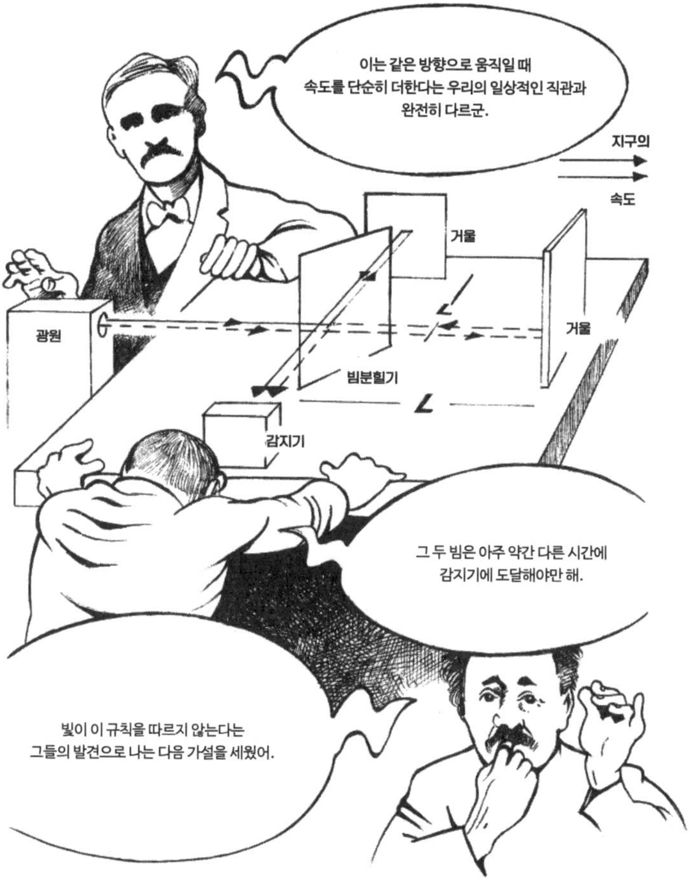

광속의 불변성

특수상대성 이론의 가장 중요한 요소 중 하나는 진공상태에서 광속, c는 관찰자에 따라 달라지지 않는다는 가설이다. 아인슈타인의 가설은 뉴턴의 절대 공간과 시간을 광속의 절대성으로 대체한다.

이에 대한 예로서,
두 관찰자가 광속의 99%로
서로를 향해 움직인다고 하자.

속력
C
한계

내가 밥을 향해
불빛을 비추면…

나는 여전히
그 빛의 속력이
c라고 측정하겠지.

동시성 문제

상대성이란 말 자체가 시사하듯이, 상대성은 우리가 사는 4차원 세계를 유일하고 절대적인 방식으로 시간과 공간으로 나눌 수 없음을 내포한다. 이는 무슨 뜻인가? 만약 시간이 유일하게 정의된다면, 우리는 모든 사람들이 동의하는 방식으로 동시성을 공식화할 수 있을 것이다. 왜 동시성을 동의하는 문제가 생기는가?

시공간을 다르게 자르다

밥이 1과 2가 있는 선상에서 움직인다고 상상해보자. 앨리스가 볼 때 정확히 전구가 꺼지는 순간 밥이 앨리스를 지나친다고까지 상상해보자. 그러면 밥이 2지점 쪽으로 이동하고 있고 광속은 모든 계에서 같기 때문에 밥은 2지점에서 나오는 불빛을 먼저 보고 그 다음에 1지점에서 나오는 불빛을 보게 된다. 그 이유는 불빛이 밥에게 도달했을 때 밥이 2지점과 더 가깝기 때문이다.

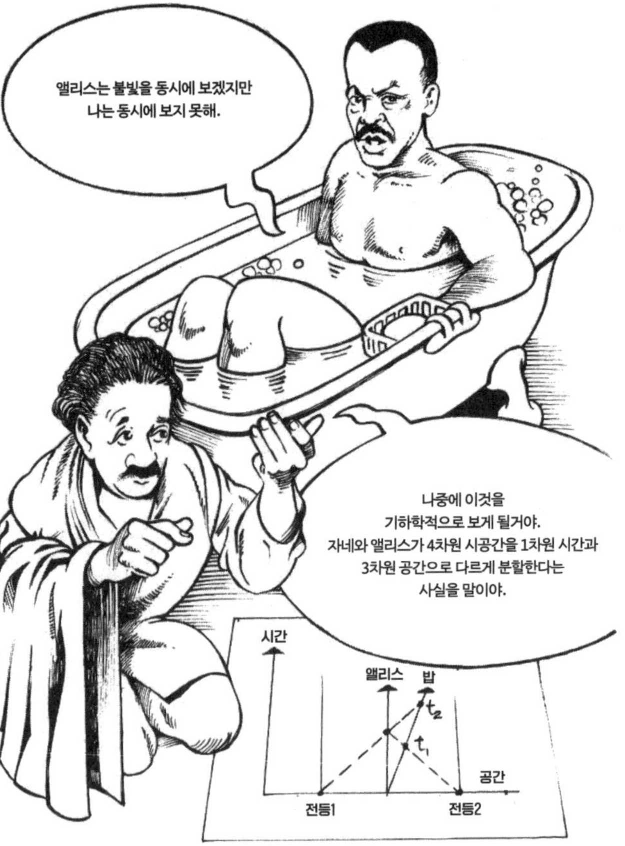

앨리스는 불빛을 동시에 보겠지만 나는 동시에 보지 못해.

나중에 이것을 기하학적으로 보게 될거야. 자네와 앨리스가 4차원 시공간을 1차원 시간과 3차원 공간으로 다르게 분할한다는 사실을 말이야.

시간
앨리스
밥
t_2
t_1
공간
전등1
전등2

일반상대성 이론의 필요성

이제 일반상대성 이론으로 우리를 안내해 줄 특수상대성 이론의 유명한 역설을 논의해볼 수 있다. 쌍둥이 중 한 명은 지구에 있고, 다른 한 명은 로켓을 타고 지구를 떠나는 경우를 생각해보자. 로켓은 10광년 떨어진 별에 가는 도중에 광속과 거의 같은 속력으로 가속한다.

1광년은 빛이 1년 동안 이동한 거리로서 엄청나게 길다.

속력이 v=0.995c라고 가정하면 시간팽창 공식에 의해서 로켓에서의 시간은 지구의 시간보다 10배 정도 천천히 흐른다.

로켓을 타고 있는 쌍둥이가 별에 갔다가 지구로 돌아오는 데 2년이 걸렸다. 반면에 지구에 있는 쌍둥이에게는 20년이 조금 넘게 걸린 것처럼 보인다.

다른 관점

그럼 무엇이 역설인가? 지구에 있는 쌍둥이는 로켓이 정지되어 있고 실제로는 거의 광속으로 **태양계와 같이** 지구가 움직이고 있다고 주장할 수도 있다. 그 경우에 지구에 있는 쌍둥이에게 시간은 더 천천히 흐르고, 로켓에 있는 쌍둥이는 시간이 정상적으로 흐른다고 본다. 결국, 이 상황은 정확히 상대성이 무엇인지 보여준다.

난관을 넘어서

쌍둥이의 역설로 난관에 봉착하게 된 듯하다. 그 문제에는 대칭성이 있다. 쌍둥이의 입장을 맞바꾼다고 해도 물리 현상은 변함이 없어 보인지만, 로켓을 타고 있는 쌍둥이가 지구로 돌아오는 데 걸리는 시간에 대한 결과는 완전히 달라진다.

조금 더 생각해보면 허점이 보인다. 두 쌍둥이의 상황과 논리가 진짜 교환가능한가?

로켓에 타고 있는 쌍둥이가 v=0.995c라는 일정한 속도로 이동했다면 교환가능하다.

가속 문제의 해결

이 상황이 바로 쌍둥이의 대칭성을 깨뜨리고, 쌍둥이의 논리가 교환가능하지 않음을 보여준다. 가속이 있는 경우에 특수상대성 이론이 적용되지 않다는 점을 이미 명확히 했다.

이러한 탐색을 통해서 아인슈타인은 1916년에 일반상대성 이론을 완성하게 되었다. 일반상대성 이론은 가히 인류에게 가장 위대한 지적 공헌이라 할 만하다.

일반상대성 이론의 구성 요소

이제, 일반상대성 이론을 논의하는 데 필요한 기본적 개념 구성 요소를 생각해보자. 아인슈타인이 혼자서 이러한 구성 요소를 종합하는 데 1905년부터 1915년까지 10년이 걸렸다. 그래서 우리도 이해하는 데 충분한 시간을 가질 것이다.

우선 시작하기 전에, 우리는 존 폰 노이만John von Neumann, 1903~57의 유용한 철학을 빌릴 수 있다.

상대성이라는 이상한 개념을 다룰 때는 이 철학을 받아들이는 것이 중요하다. 예를 들면, 시공간은 4차원이다. 즉 1차원의 시간과 3차원 공간이 있다. 하지만 우리는 3차원 공간에 한정되어 있기 때문에 4차원 공간을 시각화할 방법은 없다. 그럼에도 불구하고, 우리가 이해하는 데 직관을 주고 도와주는 방법이 있다.

무한 차원

먼저, 수학자들은 4차, 5차, 심지어 무한 차원의 공간을 이야기할 때 어떤 생각이 들까? 이 질문에 답하기 위해 지표면을 생각해보자. 지표면 자체는 2차원이다. 즉 지표면에서의 위치는 위도와 경도라는 두 수로 유일하게 나타내어질 수 있다.

네가 있는 곳의
위도가 40N47이고 경도가 73W51이라면
네가 뉴욕에 있다는 것을 알 수 있지.

네가 요하네스버그 근처
깊은 땅 속 탄광에 있다면,
또 다른 숫자를 알려줘야
네 위치를 알 수 있어.

지표면 아래 깊이가 있어야
네 위치를 정확히 짚을 수 있어.

베른하르트 리만

지구 내의 위치를 지정하기 위해서는 세 수가 필요하기 때문에 지구는 3차원 물체이다.

이런 기본적인 아이디어는 쉽게 일반화될 수 있다. 우리가 있는 공간의 어떤 위치를 유일하게 지정하기 위해서 5개의 수가 필요하다면 그 공간은 5차원이다. 또한 어떤 지점을 지정하기 위해서 25개의 수가 필요하다면 그 지점이 있는 공간은 25차원이다.

한 가지 놓치지 말아야 할 중요한 점은 이러한 공간은 우리가 살고 있는 세상과 관련 있을 필요가 없으며, 사실 일반적으로 관련이 없다.

사고 실험

도움을 구하기 위해 그리스 철학자 플라톤Plato, BC 428~347을 생각해보자. 플라톤은 우리가 인식하는 모든 사물은 마음속에 존재하는 완전체의 그림자라고 생각했다.

이전에 했던 것처럼, 사람들은 35차원의 공간을 충분히 상상할 수 있지만, 그 공간에 대응하는 것이 실제 세상에 있을 필요는 없다.

다음 사고 실험을 통해 이 아이디어를 확장해볼 수 있다. 베니스의 리알토 다리 아래 수면의 높이를 20세기의 매 순간마다 측정하여 만든 한 공간을 생각해보자.

이 공간은 물리적으로 존재하지 않고 수학적으로만 존재하는 추상적 공간이다. 이러한 공간을 통해 우리를 얽매이고 있는 이 세상으로부터 자유롭게 해주는 매우 중요한 단계로 들어서게 된다.

무한과 위상 공간

좀 더 나아가서 무한의 놀라운 복잡성으로 넘어가 보자. 우주적인 관점에서 보면 우리가 무한한 우주에 사는 것이 더 나아 보인다. 그 경우에 우주에는 무한한 양의 물질이 있을 수 있다. 즉 무한 개의 원자가 있을 수 있다.

우주 역사의 매 순간마다 원자 각각의 위치를 기록할 수 있는 공간을 어떻게 만들 수 있을까?

그럼 각 원자에 대해 위치를 나타내는 세 수와 시간을 나타내는 한 개의 수, 이렇게 해서 총 4개의 수가 필요해.

그래서 각 원자는 자신의 4차원 공간이 필요하지.

맞아. 그러면 원자 5개의 위치는 4x5=20이니까 20차원 공간의 한 점으로 나타낼 수 있어.

1	x_1	y_1	z_1	t_1
2	x_2	y_2	z_2	t_2
3	x_3	y_3	z_3	t_3
4	x_4	y_4	z_4	t_4
5	x_5	y_5	z_5	t_5

시공간 쪼개기

하지만 위의 예에는 무한 개의 원자가 있고, 완전한 공간은 무한 차원4x무한=무한이다. 원자 각각의 위치를 유일하게 기록하기 위해서는 무한 개의 수가 필요하다. 우리에게 이 공간이 필요하지는 않지만, 이 공간이 그 계의 위상을 알려주기 때문에 역학에서는 이 공간을 위상 공간이라고 부른다.

시각화하는 효과적인 방법은 공간을 '얇게 자르는 것'이야.

시공간을 바라보는 방법

시공간의 시각화를 넘어서 추상적으로 생각하는 이점은 더 큰 공간 안에 그 공간이 있을 것이라고 끊임없이 생각하게 되는 것을 피할 수 있다는 것이다.

표준적인 관점에서 보면 이 질문은 자연스럽지만, 어떤 다른 공간과도 완전하게 분리되어 존재하는 공간을 생각하는 관점에서 보면 그렇지 않다. 그래서 우주론자들은 우주의 팽창을 시공간 자체의 특성으로 간주한다. 즉, 시공간의 점들 사이의 거리가 점점 커진다고 생각한다.

동시성은 상대적이다

상대성의 중요한 요소 중 하나는 중력에 대한 뉴턴의 관점과는 다르게 시간과 공간이 마치 식빵 조각처럼 '공간'과 '시간'으로 잘릴 수 있는 4차원 공간으로 통합된다는 것이다. 하지만 시공간을 자르는 유일한 방법이나 선호하는 방법이 있는 것은 아니다. 이는 이전에 관찰했던 동시성의 부재를 이해하는 기하학적인 방법이다.

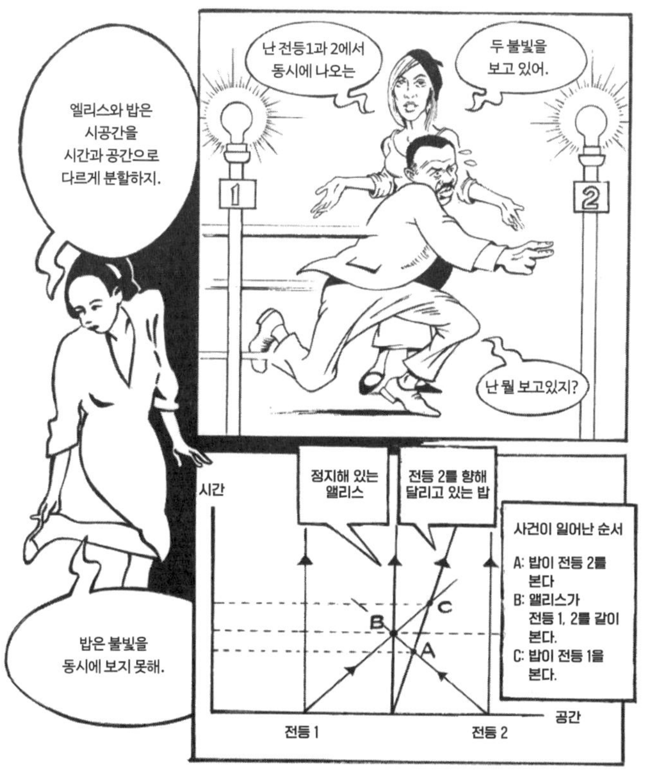

이제 우리는 아인슈타인의 발자취를 따라 일반상대성 이론을 향해 갈 준비가 되어 있다.

아인슈타인의 과제

아인슈타인은 1904년 마지막 날과 1905년에 걸쳐 20세기에 가장 중요한 논문 6편을 발표했다. 이 중 2편은 특수상대성 이론의 기초를 닦았다. 하지만 그 시점에서 아인슈타인은 특수상대성 이론을 두 방향으로 확장하는 방법에 대한 문제에 직면했다.

언뜻 보기에 두 문제는 매우 다르게 보인다. 하지만 아인슈타인은 명석한 통찰로 그 두 문제가 한 동전의 양면임을 깨달았다. 자, 아인슈타인이 했던 추론을 생각해보자. 아인슈타인은 나중에 이 추론을 '인생에서 가장 행복한 생각'이라고 불렀다.

무중력

창문 밖으로 떨어지면, 바닥에 부딪히기 전에 몰려오는 바람이 아닌 무엇을 느끼는가? 바닥 쪽으로 가속하고 있지만 중력이 없는 것처럼 느낀다. 우주 비행사가 우주 비행을 위해 수직 하강하는 비행기 안에서 이 방법으로 훈련한다.

내가 떨어질 때 망치도 같이 떨어뜨리면,
망치는 나와 같은 속도로 떨어지는 거야.

나에게는 망치가 움직이지 않고
정지해 있는 것처럼 보여.

사람이 망치와 같이 떨어지는 경우를 생각하면서, 아인슈타인은 관찰자에게 가까운 거리에 대해 짧은 시간 동안 중력의 효과가 마술처럼 사라질 수 있음을 알게 되었다.

등가 원리

여기서 좀 더 나아가보자. 이제는 여러분이 눈을 가리고 창문 없는 상자 바닥 근처에 누워 있으며 상자에 외부의 힘이 가해지지 않은 채 공간을 떠돌아 다니고 있다고 상상해보자. 여러분은 완전히 무중력 상태에 있다. 이때 갑자기 여러분이 바닥과 충돌하고 바닥에 붙어 있게 되었다.

아인슈타인이 그랬던 것처럼, 여러분도 직관적으로 두 경우의 차이를 구분할 수 없다고 생각했을 것이다. 이 두 가지 해석은 이론물리학의 보석 중 하나인 등가 원리의 다른 측면으로 알려져 있다. 이런 단순한 사고 실험을 통해 아인슈타인은 특수상대성 이론이 가속도와 중력을 포함하도록 확장하는 데 필요한 핵심을 간파했다.

중력 질량과 관성 질량

조금 생각해보면, 등가 원리는 특수상대성 이론의 확장을 어렵게 한다고 생각되는 두 가지_{가속하는 관찰자와 중력} 문제가 같은 문제로 봉착됨을 의미한다. 즉 관찰자는 자신이 중력으로 가속되는지 또는 다른 힘으로 인해 가속되는지 구분할 수 없다.

중력 질량과 관성 질량이 같다는 이론은 놀라운 정확도를 가진 실험으로 검증되었다. 만약에 이 이론과 맞지 않은 어떤 마법의 물질이 있다면 '아인슈타인의 상자' 안에 있는 그 물질은 상자 속 사람이 중력을 받고 있는지 또는 로켓에 의해 가속되고 있는지를 구분할 수 있게 해줄 것이다.

뉴턴의 제1운동법칙의 확장

중력장에서 자유 낙하할 때 떨어지는 사람은 자신에게 아무런 힘이 작용하지 않는 것처럼 느끼는 무중력 상태를 경험하게 된다는 것을 알게 되었다. 이를 토대로 아인슈타인은 중력은 다른 힘과 같지 않다는 급진적인 생각을 하게 되었다! 하지만 어떻게 이런 생각을 학교에서 배우는 가장 기본적인 법칙인 뉴턴의 제1운동법칙과 조화시킬까? 갈릴레오Gallieo, 1564~1642의 연구를 바탕으로 세워진 뉴턴의 제1운동법칙은…

이에 대한 해답은 놀랍도록 명쾌해서 이론물리학의 역사에서 가장 아름답게 변형된 이론 중 하나가 되었다.

지구는 평평하지 않고 공간도 마찬가지다.

아인슈타인은 뉴턴의 제1운동법칙을 다음과 같이 변경하였다.

문제는 유클리드Euclid, BC300경 기하학의 유산으로 인해 우리가 자신을 평평한 공간에 한정시킨다는 것이다. 하지만 지구는 평평하지 않다. 그럼 왜 우리는 시공간이 평평하다고 생각하는 제한적인 사고를 하고 있는가? 글쎄, 뉴턴이 그렇게 가정했고 뉴턴은 천재라서… 그 때는 합리적인 가정으로 보였다.

사실, 공간이 곡면으로 이루어져 있고, 그 공간의 두 점 사이의 가장 짧은 거리를 나타내는 선은 직선이 아니다. 간단하게 지구를 예로 들어보자.

대원의 예로는 적도와 경도선이 있다. 게다가 지구 표면 위에는 직선이 없다.

수수께끼

이런 아이디어에 대한 또 다른 예로 어렵지만 재미있는 문제가 있다. 성냥갑 속의 개미가 한 모서리에서 대각선에 있는 모서리로 가는 가장 빠른 경로는 무엇인가?

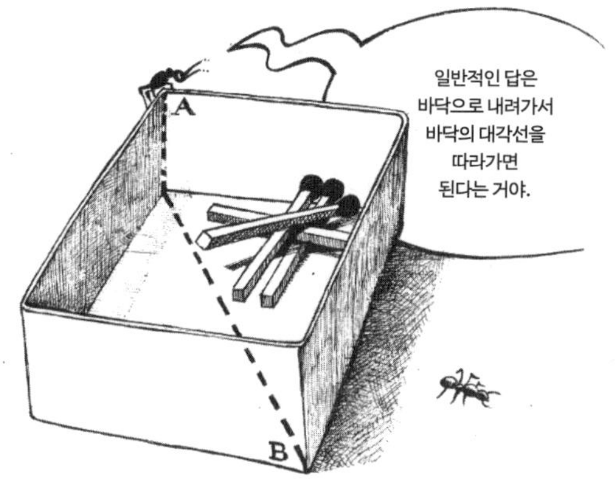

이 문제를 푸는 매끄러운 방법은 성냥갑을 풀어서 평평하게 만드는 것이다.

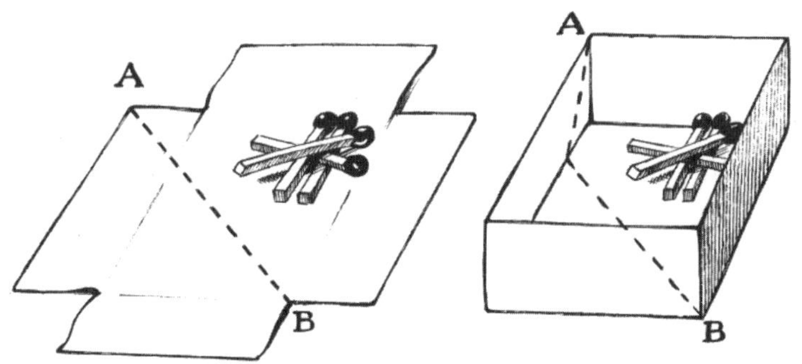

이제 성냥갑은 평평해졌기 때문에 거리가 가장 짧은 경로는 직선이고, 개미는 직관적이지 않은 이 경로를 택해야 한다.

지름길

가장 짧은 거리를 가진 곡선은 상대론적 용어로 지름길Geodesics이라고 알려져 있다. 그래서 중력이 있을 때 물체가 움직이는 경로를 찾으려면 적당한 지름길을 계산하면 된다.

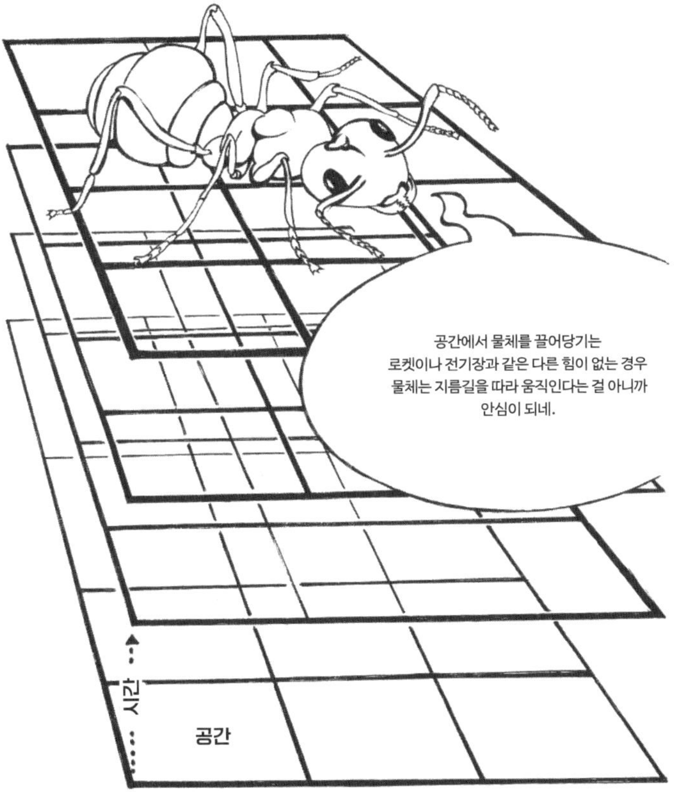

공간에서 물체를 끌어당기는
로켓이나 전기장과 같은 다른 힘이 없는 경우
물체는 지름길을 따라 움직인다는 걸 아니까
안심이 되네.

시간

공간

공간꼴 지름길, 시간꼴 지름길, 영 지름길

하지만 아직 우리는 수수께끼의 일부분만 알고 있다. 변형된 뉴턴의 제1운동법칙에서 시간은 어디 있는가? 멕시코시티와 옥스퍼드 사이의 최단거리를 가진 경로는 대륙의 이동을 무시하면 영원히 지구 표면 위에 표시될 수 있다. 그렇지만 변형된 뉴턴의 제1운동법칙은 물체가 시간에 맞춰 지름길을 따라 움직이고 있다고 말한다.

공간과 시간 차원이 있기 때문에 세 가지 다른 유형의 지름길이 필요하다.

불빛의 역사

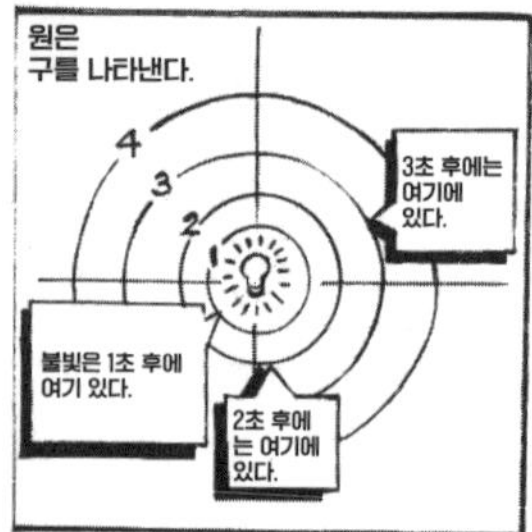

* 3차원 공간의 2차원 평면

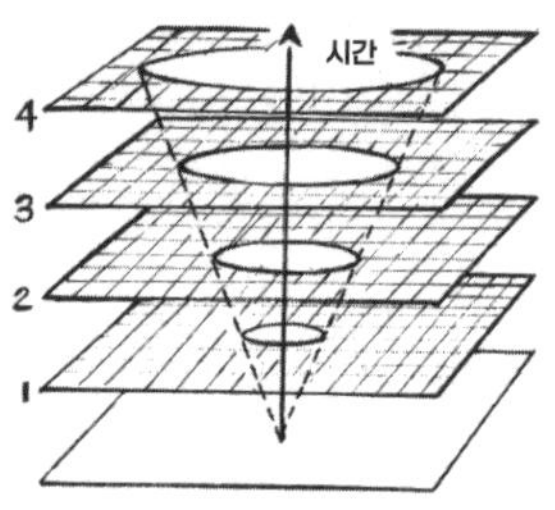

* 시공간에 시간을 덧붙이면 사건의 빛원뿔이 생긴다.

사실, 세 유형의 지름길은 속력이 c보다 작은 경우, c와 같은 경우, c보다 큰 경우의 운동에 해당된다. 각각은 시간꼴 지름길, 영 지름길, 공간꼴 지름길이라고 알려져 있다.

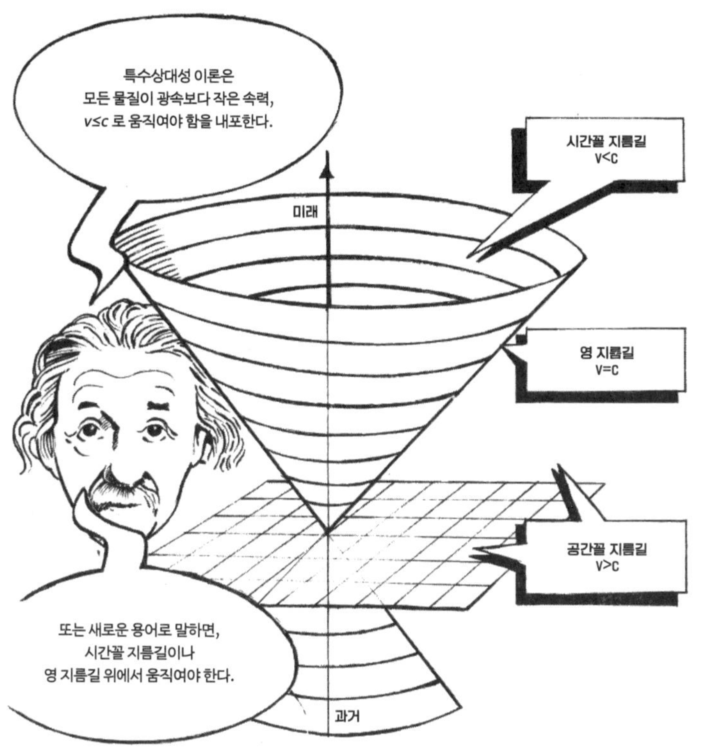

멕시코시티에서 옥스퍼드로 가는 대원은 특별한 공간꼴 지름길로서 그 지름길로 여행하려면 속력이 무한이어야 한다. 그 이유는 여행하는 사람이 그 곡선의 모든 곳에 동시에 있기 때문이다. 아인슈타인의 변형된 제1운동법칙의 마지막 형태는…

물체에 중력이아닌 힘이 작용하지 않으면, 그 물체는 시간꼴 지름길이나 영 지름길로 움직인다.

그래서 이 법칙 또한 어떤 물질도 빛의 속도보다 더 빨리 이동할 수 없다는 특수상대성 이론의 토대를 담고 있다.

거리 찾기

하지만 일반적으로 지름길을 계산하기는 어렵다. 언덕과 골짜기, 산, 평원이 있는 복잡한 지역에서 측정한다고 상상해보자. 이런 울퉁불퉁한 지형에서 어떻게 최단 거리를 계산하겠는가?

이제, 4차원에서 최단 거리를 계산하고 있다고 상상해보자. 앞서 언급한 예를 들어 지름길을 찾기 위한 거리를 알아보자.

지름길을 찾는 한 방법으로
그 지역의 지도를 이용할 수 있어.

까마귀가
지도 위의 두 점 사이를 비행하면
그 거리를 알 수 있어.

다음은 피타고라스 정리, $ds^2=dx^2+dy^2$으로 구할 수 있는 매우 익숙한 거리이다.

여기서 dx, dy는 각각 지도 위의 두 점의 x, y 좌표의 차이이다.

지름길과 메트릭

하지만 지름길은 공간 밖이 아니라 주어진 공간 안에 있는 곡선으로 정의되어야 함을 기억하자. 까마귀는 **협곡을 따라 내려갔다가 올라오는 것이 아니라** 협곡 위를 직선으로 비행할 것이다. 그 지역을 건너가려는 사람의 경우는 **평면 위의 최단 거리인** 협곡 속으로 내려갔다가 협곡 밖으로 올라오는 경로보다 협곡을 돌아가는 길을 선택해서 더 짧은 거리를 이동할 수도 있다.

평평한 지도 상의 거리를 위의 지역과 같은 휘어진 공간의 실제 거리로 변환하는 수학적 수량을 그 공간의 메트릭이라고 하며, 그 수량은 그 공간에서 유일하다. 공간의 메트릭을 'g'로 나타낸다.

메트릭이라는 개념은 매우 흔하며, 평평한 공간 상의 보편적인 거리를 휘어진 공간 상의 거리로 변환하는 방법이다. 메트릭은 택시 미터기가 이동 거리와 시간을 승객의 요금으로 변환하는 것과 같다.

비슷하게, 걸린 시간과 이동 거리가 같아도 런던의 택시 요금은 인도의 푸네에서 타는 택시 요금보다 훨씬 높지. '택시 메트릭'은 '공간적 위치'에 의해서도 달라지거든.

메트릭을 찾는 방법

우리가 예로 든 지형에서도 마찬가지다. 매우 울퉁불퉁한 곳의 거리는 평평한 평원 위의 거리와는 매우 다르다. 사실, 지형이 심하게 울퉁불퉁할수록 그곳의 실제 거리는 평평한 지도 상의 거리와 더 많은 차이가 난다. 반대로, 지형이 더 평평해질수록 그곳의 실제 거리는 피타고라스 정리로 구할 수 있는 거리와 가까워지고 그 지름길은 직선에 가까워진다.

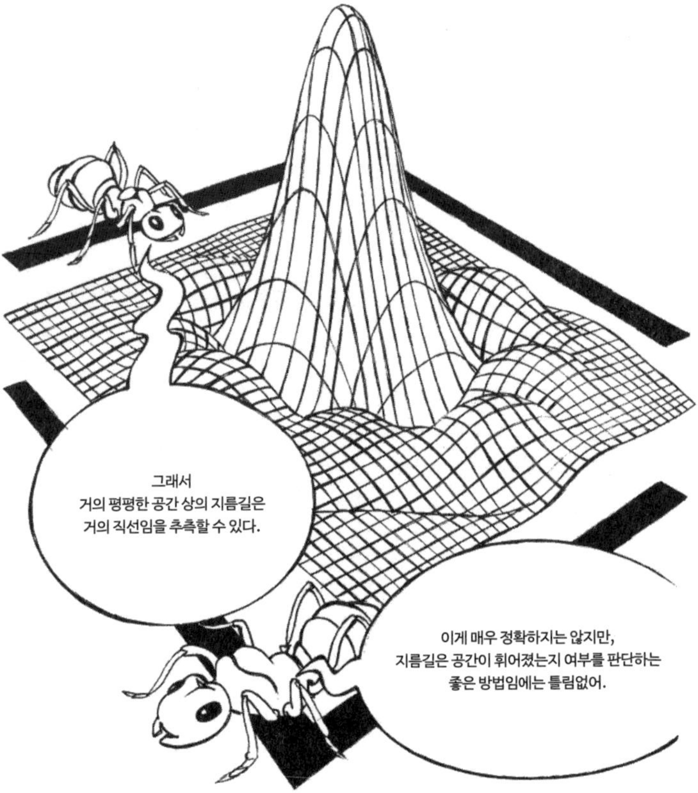

그래서
거의 평평한 공간 상의 지름길은
거의 직선임을 추측할 수 있다.

이게 매우 정확하지는 않지만,
지름길은 공간이 휘어졌는지 여부를 판단하는
좋은 방법임에는 틀림없어.

메트릭은…

하지만 메트릭, g는 무엇인가? 메트릭에 대한 개념을 이해하기 쉬운 예로 원통과 구를 생각해보자. 원통의 한쪽 방향은 곡면으로 되어 있지만 길이 방향은 그렇지 않다. 반면에 구는 '동서', '남북' 방향 모두 곡면으로 되어 있다. 메트릭이 공간의 곡률에 대한 모든 것을 알려준다면, 공간의 각 점에서 한 수로 나타낼 수 없다. 한 수로 나타낸다면 원통과 구가 다르다는 것을 메트릭이 어떻게 구분하겠는가?

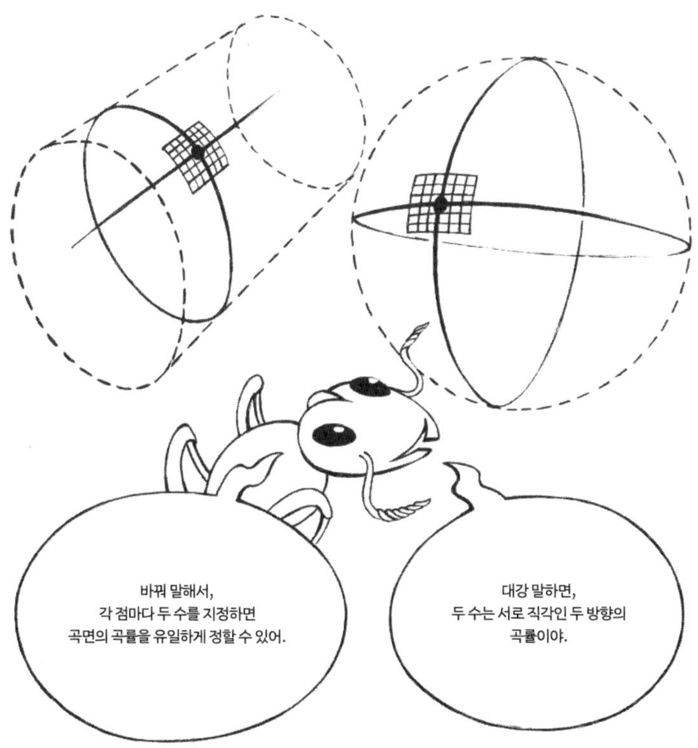

자전거의 바퀴가 두 개인 것처럼 두 수는 메트릭의 일부이다.

자, 고르지 않은 도로로 떠나니
안전벨트를 매자.
2차원 이상의 공간에서
메트릭의 구성 요소를
좀 더 살펴보자.

메트릭을 조립하는 데
몇 개의 수가 필요할까?
한 개? 두 개? 세 개?
ij
공간의 차원에 따라
달라질까?

4차원 공간의 메트릭

메트릭을 나타내는 두 수가 g_{xx}, g_{yy}이라면 g_{xx}, g_{yy}는 **사실 임의의** 좌표계의 x-, y-방향의 곡률과 관련이 있다. 4차원 공간에서는 4개의 다른 방향으로 곡면이 있기 때문에 상황이 훨씬 더 복잡하다.

우리가 지도 상의 x, y 방향으로 각각 dx, dy만큼 움직인다면 메트릭을 사용하여 휘어진 공간 상에서 대응하는 거리를 다음 합으로 구할 수 있다.

$$(ds)^2 = g_{xx}(dx)^2 + g_{yy}(dy)^2$$

그래서 공간또는 시공간의 알려진 메트릭으로 지름길을 찾아주는 발전된 기술을 쓸 수 있다. 또는 적어도 지름길이 만족하는 방정식을 적을 수 있다. 하지만 신비로운 룬Runes 문자처럼, 이 방정식을 푸는 것은 일반적으로 극히 어려워서 컴퓨터를 이용하여 근사해를 구할 수 있을 뿐이다.

시공간 지름길

지금까지는 우리의 일상과의 유사성을 통해 휜 공간의 지름길에 대한 논의를 이끌어 올 수 있었다. 하지만 이제 그 유사성을 떠나서 시공간의 지름길에 대한 신기한 세상으로 깊숙이 들어가야 한다. 상대성 이론에서조차도 시간과 공간이 완전히 등가는 아님이 밝혀졌다.

거리 계산에 시간 변화분도 포함되면 평평한 시공간에서 마저 우리의 산뜻한 피타고라스 정리를 변화시킨다는 것이다.

3차원 공간에서 피타고라스 정리는 $ds^2=dx^2+dy^2+dz^2$이다. 시공간의 두 사건 (t, x, y,z)와 (t', x', y',z') 사이의 거리가 필요하다면 어떤 일이 벌어지는가?

뉴턴, 카를 프리드리히 가우스Carl Friedrich Gauss, 1777~1855와 더불어, 게오르그 리만Georg Riemann, 1826~66은 역대 최고의 수학자의 반열에 포함되어야 한다고 사람들은 강력히 이야기한다. 페르마의 마지막 정리가 증명된 이후 소수의 성질과 관련되어 있는 리만 가설이 수학계에서 풀리지 않은 가장 큰 가설이 되었다. 클레이 재단은 이 가설이 참이라고 증명하는 데 백만 달러의 상금을 내걸었다이 가설이 거짓이라고 증명하면 상금은 없다.

시간을 포함하기

리만은 아인슈타인이 일반상대성 이론을 세우면서 사용한 기하학적 기술을 개발하는 데 도움을 주었다. 리만 기하에서 두 점 사이의 거리는 양수가 아니어도 되며, 0이나 음수일 수도 있다.

$$ds^2 = -c^2dt^2 + dx^2 + dy^2 + dz^2$$

여기서 $dt = t' - t$는 두 사건 사이의 시간 차이다.

시간꼴 지름길, 영 지름길, 공간꼴 지름길이라는 이전의 분류는 이제 ds^2가 음수, 영, 양수인 경우에 각각 대응된다.

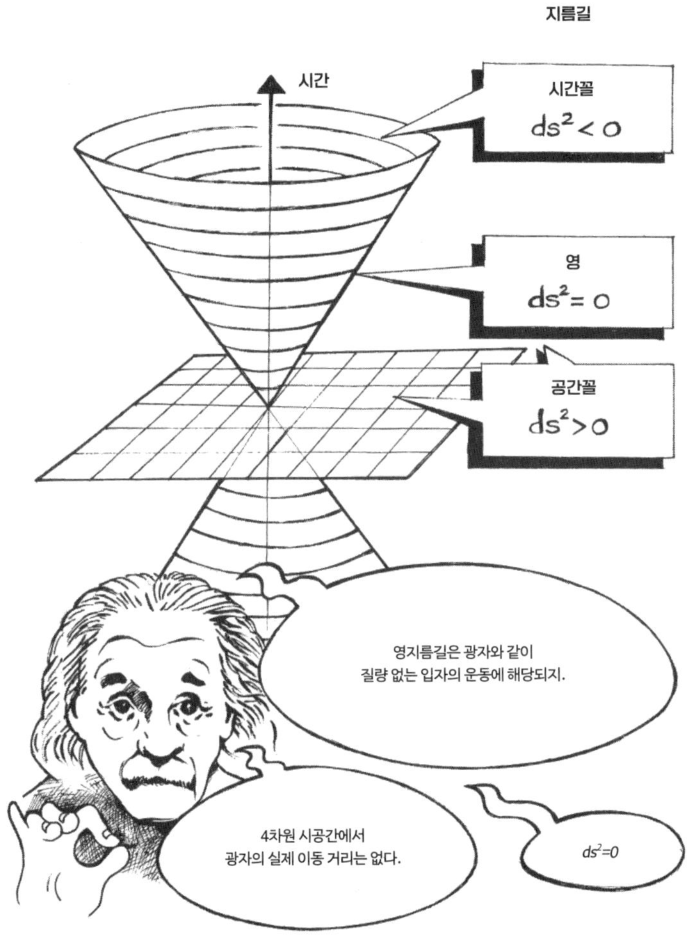

물론, 공간에서 광자는 먼 거리를 이동할 수 있다.

용의 꼬리

그래서 우리는 뉴턴의 제1운동법칙을 아인슈타인의 변환으로 만드는 과정에서 뉴턴의 중력을 급진적이면서 아름답게 확장한 몇몇의 법칙이 내포되어 있음을 알게 되었다. 몇 개의 단어만 바꾸면 뉴턴의 중력을 확장할 수 있었다. 바로 그 안에 일반상대성 이론의 놀라운 힘과 경제성이 들어 있어서, 러시아의 유명한 물리학자 레프 란다우Lev Landau, 1908~68는 일반상대성 이론에 대한 감사와 깊은 경의를 품어야 이론물리학자가 될 수 있다고까지 주장했다.

좀 생각해보면, 뉴턴의 중력 이론을 대체할 일관성 있는 상대론적 이론을 완성하려는 우리의 목표에 기본적인 구성 요소를 놓치고 있음을 깨달을 수도 있다.

누락된 구성 요소

우리가 놓치고 있는 그 구성 요소는 다음 질문에 들어 있다. "달이 지구 주위의 타원 궤도를 돌게 하는 딱 맞는 지름길을 찾으려면 시공간이 어떻게 휘어져야 하는지 알 방법은 무엇인가?"

지구의 중력으로 인해 달이 지구 주위를 돌기 때문에, 질량이 시공간을 휘게 해야만 한다는 것을 알 수 있다.

용이 용의 꼬리를 물다

그래서 간단하게 말하면, 기하 구조가 어떻게 휘는지 알려주는 것이 바로 물질이다. 반면 기하 구조는 물질이 어떻게 움직이는지 알려준다.

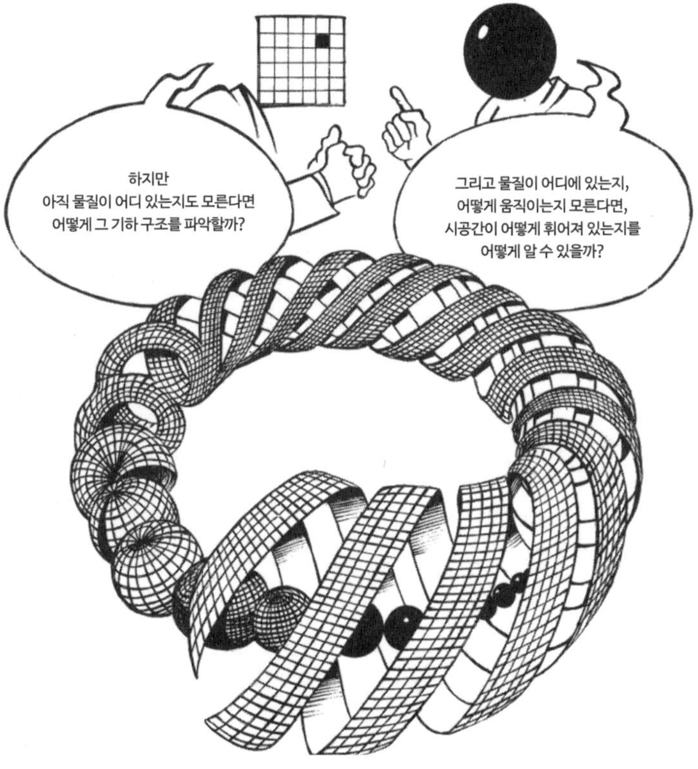

이렇게 닭이 먼저냐 계란이 먼저냐와 같은 상황은 일반상대성 이론에 내재된 복잡성의 본질적인 원천이다. 여기서 자신의 꼬리를 물고 있는 용을 생각할 수 있다.

텐서

0차 텐서는 단지 한 개의 수이고, 0차 텐서의 예를 들면, 숫자 '2'이다. 1차 텐서는 **4차원 시공간에서** 4개의 수로 이루어진다. 그래서 예를 들면, $A=(1\ 0\ -1\ 3.14)$는 1차 텐서이거나 또는 그냥 '벡터'이다. 벡터는 시공간에서도 화살표로 표시된다.

흔히 벡터를 A_i로 나타낸다.

여기서 $i=1,\ 2,\ 3,\ 4$이면 $A_1=1,\ A_2=0$ 등이 된다. 전기장과 자기장을 이런 식으로 나타낸다.[3]

3) 전기장과 자기장은 1차 텐서가 아니라 2차 텐서의 성분이어서 적절한 예는 아니다.

2차 텐서는 4x4 행렬이고 $B_{ij}=0$로 나타낸다. 두 첨자 i, j는 B_{ij}가 행렬임을 알려준다.

$$B_{ij} = \begin{pmatrix} 2 & 1 & 2.34 & 17 \\ -29 & 2 & 0 & 42 \\ 34 & -1.4 & 23 & 1000 \\ -1 & -1 & -1 & 0 \end{pmatrix}$$

여기서 B 아래에 있는 첨자 i는 행을, j는 열을 나타낸다. 그래서 $B_{11}=2$, $B_{12}=1$, $B_{31}=34$등등.

3차 텐서는 숫자들로 만들어진 3차원 블록이고 세 첨자를 사용하여 나타낸다. 예를 들면, C_{ijk}로 나타내고, i, j, k는 1, 2, 3, 4 중에 어느 숫자라도 될 수 있다.

위의 그림은 3차 텐서에 있는 4×4×4=64개 중 일부만을 보여준다.

아인슈타인의 장방정식

공간의 곡률을 설명하는 데 적당한 방법인 텐서를 소개했으므로 이제 아인슈타인의 장방정식을 적을 수 있다. 하지만 장방정식을 적기 전에 한 가지가 더 필요하다.

$C_{ij}=B_{ij}$이면 , $C_{11}=B_{11}$, $C_{12}=B_{12}$, $C_{22}=B_{22}$ 등과 같이 모든 i, j에 대하여 성립한다.

이제는
일반상대성 이론의 아인슈타인의 방정식을
적을 수 있어.

$$G_{ij} = 8\pi G T_{ij} + \Lambda g_{ij}$$

또는 풀어서 써보면

$$\begin{pmatrix} G_{11} & G_{12} & G_{13} & G_{14} \\ G_{21} & G_{22} & G_{23} & G_{24} \\ G_{31} & G_{32} & G_{33} & G_{34} \\ G_{41} & G_{42} & G_{43} & G_{44} \end{pmatrix} = 8\pi G \begin{pmatrix} T_{11} & T_{12} & T_{13} & T_{14} \\ T_{21} & T_{22} & T_{23} & T_{24} \\ T_{31} & T_{32} & T_{33} & T_{34} \\ T_{41} & T_{42} & T_{43} & T_{44} \end{pmatrix}$$

$$+ \Lambda \begin{pmatrix} g_{11} & g_{12} & g_{13} & g_{14} \\ g_{21} & g_{22} & g_{23} & g_{24} \\ g_{31} & g_{32} & g_{33} & g_{34} \\ g_{41} & g_{42} & g_{43} & g_{44} \end{pmatrix}$$

여기서 G는 뉴턴의 중력 상수, π=3.14… 이고 Λ는 '우주 상수'라고 알려진 상수이다. 우주 상수는 나중에 필요하게 될 것이다. 아인슈타인의 방정식은 사실 $G_{11}=8\pi GT+\Lambda g_{11}$의 형태를 가진 16개의 방정식이다.

특히, 특정 지점(x, y, z,t)에 물질이 없다면, 즉 진공이라면, $T_{ij}(x, y, z, t)=0$이다.

아인슈타인의 방정식에 의하면, 이 경우 점(x, y, z, t)에서 $G_{ij}=\Lambda g_{ij}$이다.

하지만 $\Lambda=0$이라고 해도, 중요한 점은 그 공간이 점(x, y, z)에서 평평하다는 것은 아니다.

이 사실이 매우 중요한 이유는, 우리의 일상 경험에서 보면, 지구와 태양 사이의 공간이 거의 진공상태라도 지구는 태양 주위를 돌기 때문이다.

일반적으로 $T_{ij}(x, y, z, t)$은 0이 아니고, T_{ij}를 구하기 위해서는 16개의 방정식을 풀어야 한다. 하지만, 그 방정식을 푸는 것은 일반적으로 매우 어렵다.

좀 더 나아가기 위해서 공간이 가질 수 있는 다른 유형의 곡률로서 내재적 곡률과 외재적 곡률을 알아봐야 한다.

곡률의 유형

아인슈타인의 방정식을 유도했으니 이제 앞으로 만날 수 있는 다른 유형의 곡률을 좀 더 잘 다뤄보자. 이런 작업은 나중에 유용하게 될 것이다. 먼저, 지구의 표면이나 종이와 같은 2차원 공간을 생각해보자.

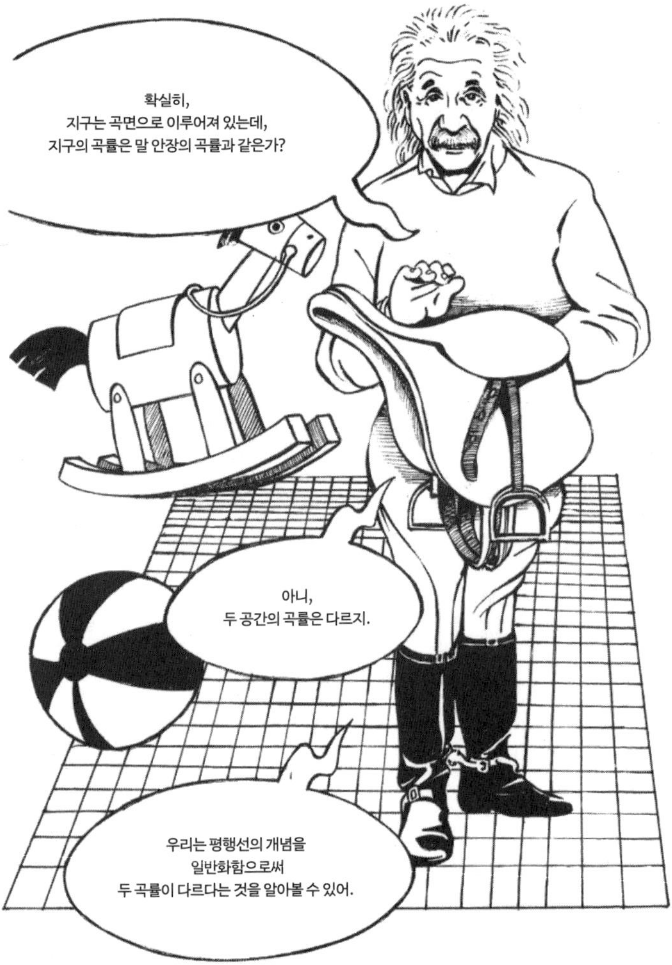

확실히,
지구는 곡면으로 이루어져 있는데,
지구의 곡률은 말 안장의 곡률과 같은가?

아니,
두 공간의 곡률은 다르지.

우리는 평행선의 개념을
일반화함으로써
두 곡률이 다르다는 것을 알아볼 수 있어.

유클리드는 기하의 기초를 세웠다.

결국, 유클리드는 이를 가정, 즉 공리로 간주했다. 공리라고 한 이유는 평행선이 만나지 않는다는 것은 일반적으로 사실이 아니기 때문이다.

사실, 평평한 공간에서 그린 평행선만 만나지 않는다. 그래서 유클리드 기하는 평평한 면의 기하학이다.

양의 곡률

평행선이 만날 수 있다는 것을 보기 위해서는 휘어진 공간에 적합한 평행선의 정의가 필요하다. 유클리드 기하에서 평행한 두 선은 직선이다. 그래서 뉴턴의 제1운동법칙을 아인슈타인의 법칙으로 변환한 이후에는 평행한 선의 일반적인 정의로 '직선' 대신 '지름길'을 쓰는 것이 당연해 보인다.

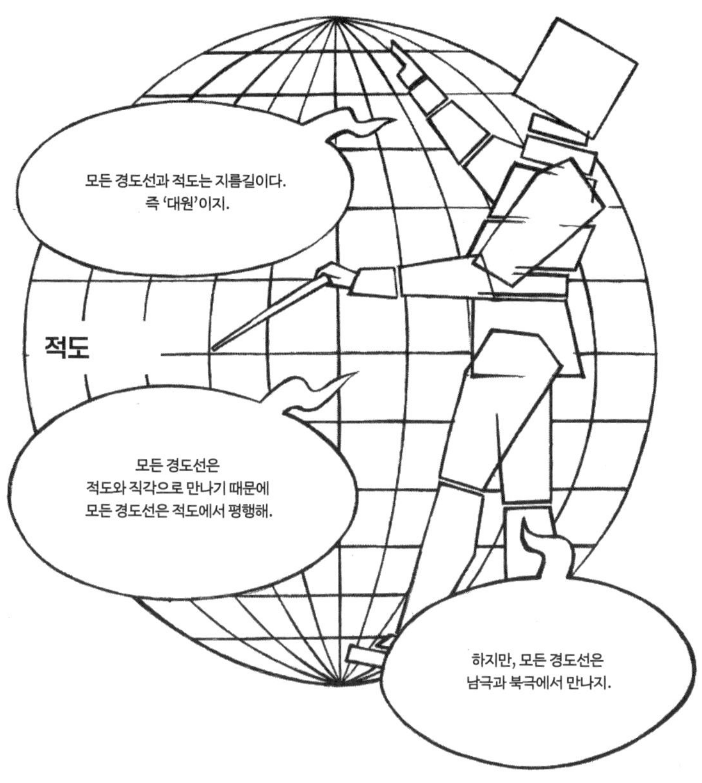

그래서 평행선은 만날 수 있다! 이 경우 공간은 양의 곡률을 가진다고 말한다.

음의 곡률

평행한 지름길이 결코 만나지 않는 공간을 만드는 것도 가능하지만, 이 경우 두 지름길을 따라가다 보면 두 지름길 사이의 거리는 점점 멀어진다.

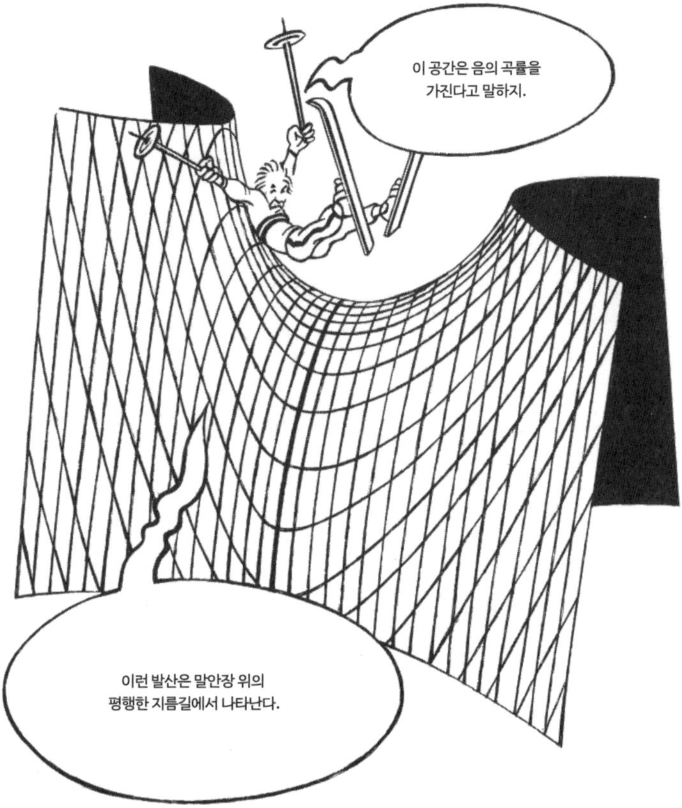

마지막으로, 유클리드의 평평한 공간이 있는데 그 공간에서는 평행선이 만나지 않고 두 선 사이의 거리가 항상 같다.

세 유형의 곡률**평평하거나 양의 곡률이거나 음의 곡률**을 특징짓는 또다른 흥미로운 방법은 삼각형을 일반화하는 것이다. **예를 들어, 평평한 공간에서** 삼각형의 세 변은 직선이다. 양의 곡률 또는 음의 곡률을 가진 휘어진 공간에서는 직선이 존재하지 않는 경우가 흔하다.

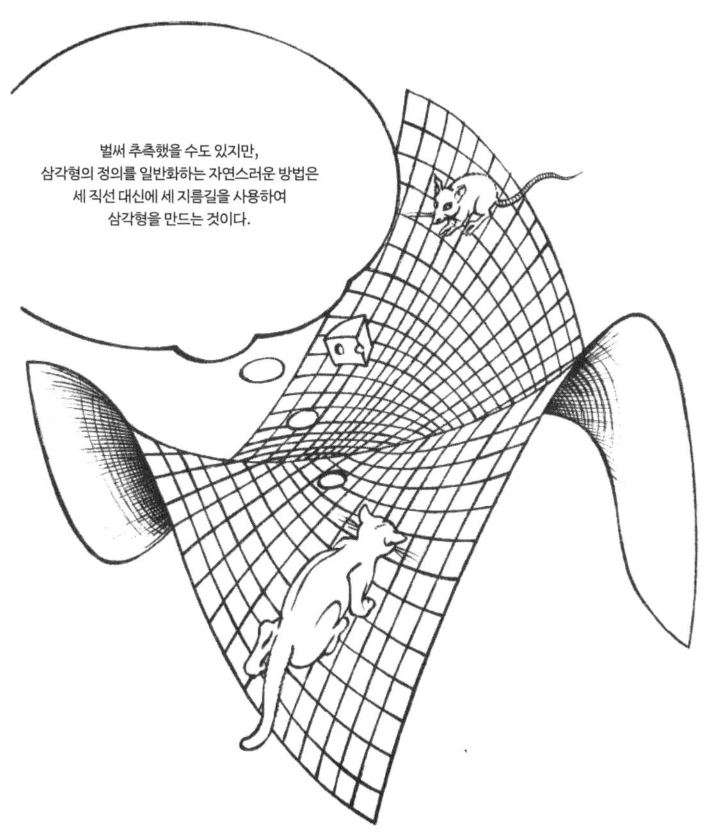

이런 정의는 평평한 공간에서도 성립하는데, 평평한 공간에서 지름길은 직선이기 때문에 우리가 알고 있는 직선으로 이루어진 삼각형이 된다.

휘어진 공간의 삼각형

이제, 일반화된 삼각형의 특성에 대해 물어볼 때가 되었다. 예를 들면, "삼각형의 세 내각의 크기의 합은 180도이다"라고 학교에서 배운 정리는 어떻게 되는가?

예상한대로,
그 정리는 휘어진 공간에서 성립하지 않아.

우리와 함께해온
지구의 표면으로 돌아가보자.

세 지름길을 예로 들어보자.
첫 번째는 그리니치 자오선,
두 번째는 멤피스를 지나고
멀리는 적도까지 지나는 경도 90W선,

세 번째는
앞의 두 지름길을 잇는
적도 일부라고 하자.

양의 곡률을 가졌을 때…

이런 현상은 양의 곡률로 휘어진 공간의 일반적인 특징으로서 세 지름길로 만들어진 삼각형의 내각의 크기의 합은 180도보다 크다.

음의 곡률을 가졌을 때…

반대로,
음의 곡률을 가진 공간에서

0의 곡률

$x+y+z=180^\circ$

양의 곡률

$x+y+z>180^\circ$

음의 곡률

삼각형의 내각의 크기의 합은
180도보다 작아.

$x+y+z<180^\circ$

내재적 곡률

이제 3차원 공간과 1차원 시간에서 일반상대성 이론을 세우는 데 관련이 있는 흥미로운 세부 사항을 논해야 한다. 이 사항이 왜 중요한지를 음미하기 위해서는 곡률에 대한 새로운 측면을 소개해야 한다. 앞서, 우리는 평행한 지름길이 만나는지, 발산하는지에 따라 공간의 곡률을 분류한 다음, 지름길로 만들어진 삼각형의 내각의 크기의 합으로 분류했다.

앞서 분류된 곡률을 고유 곡률이라 불러. 하지만 또 다른 유형의 곡률이 있어.

풀

종이 위에 대각선 방향으로 두 지름길(직선)을 그린다고 하자.

물론 두 직선은 만나지 않아.

외재적 곡률

하지만 원통은 평평한 공간이 아닌데 어떻게 이런 일이 생길까?

평행한 지름길은 같은 거리를 유지하기 때문에 평평한 종이처럼 원통도 내재적으로는 평평하다. 하지만 원통이 실제로 휘어져 있다는 것은 직관적으로 명확하다. 마찬가지로 종이의 평평한 부분은 실제로 평평하다는 것도 직관적으로 당연하다.

이 두 경우의 주된 차이점은 무엇인가?

그래서 그 차이점은 명백하게 원통이 전체적으로 어떻게 생겼는지와 관련이 있다. 또는 2차원 공간이 3차원 공간에 놓여 있는**내장된** 방식과 관련이 있다.

이는 또 다른 유형의 곡률과 외재적 곡률이 필요함을 의미한다. 하지만 외재적 곡률을 어떻게 수량화하는가?

좀 생각해보면 올바른 해법이 떠오를 수도 있다.

수직 벡터

평평한 종이를 다시 생각해보자. 종이 위 한 점(x, y)를 지나면서 종이에 수직인 직선을 세워보자.

그 직선은 지면 위에 세워진 국기 게양대처럼 세워져 있어.

이런 게양대 화살표를 수직 벡터라고 부르지.

'수직'은 표면과 이루는 각이 직각이라는거야.

벡터는 단순히 화살표야.

종이 위의 점(x, y)를 달리 하면서 수직 벡터를 만들어보자. 이 벡터들은 모두 서로 평행하다.

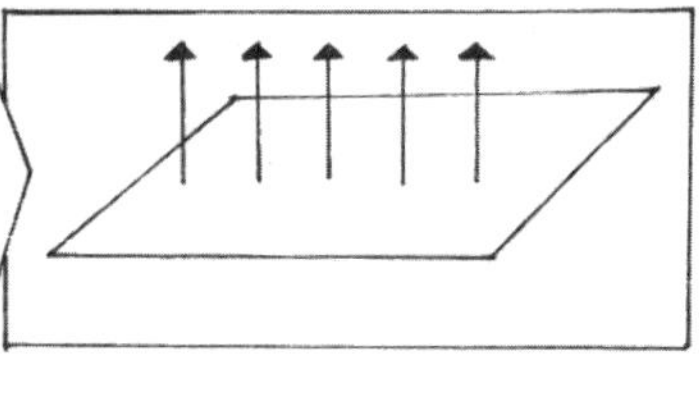

그 다음에 원통에도 똑같이 해보자. 이제 점점 흥미로워진다. 수직 벡터는 원통의 중심선에서 나오는 선이다.

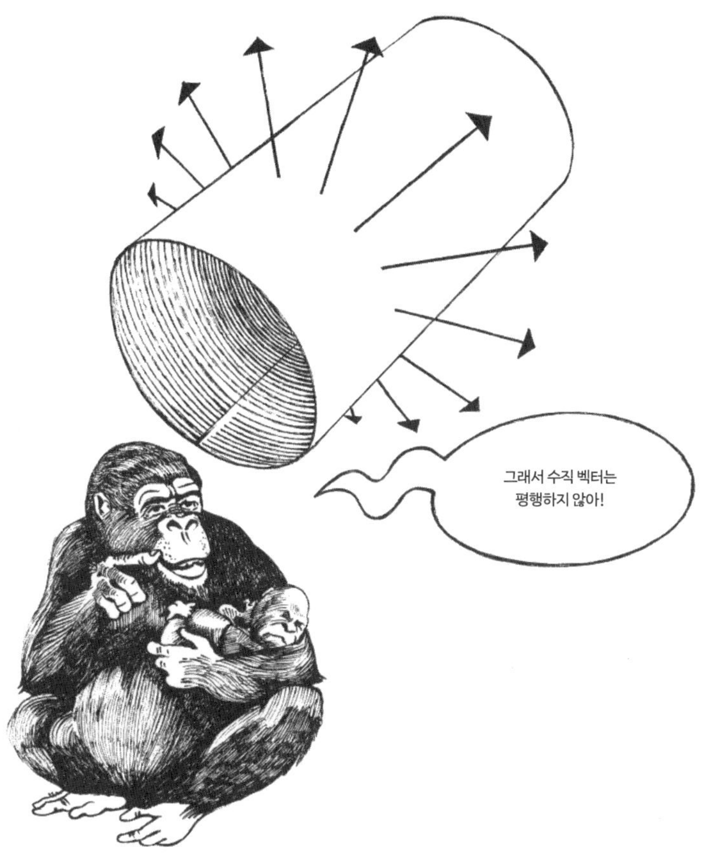

이 사실이 바로 우리가 찾던 것이다. 즉, 수직 벡터는 외재적 곡률을 가진 공간에서 모두 평행한 것은 아니다.

공간 쪼개기

시공간이 3차원 공간과 1차원 시간으로 이루어져 있기 때문에 내재적 곡률과 외재적 곡률에 대한 개념은 시공간 물리학에 특히 유용하다.

3차원 공간 조각의 내재적 곡률과 외재적 곡률을 모두 알아볼 수 있다. 사실, 4차원 곡률을 이해하는 데 두 곡률이 모두 필요하다. 이제 3차원 공간 조각의 내재적 곡률과 외재적 곡률로 아인슈타인의 방정식을 다시 쓸 수 있다.

이제까지 구, 원통이나 종이같이 공간 전체에 걸쳐 곡률이 일정한 공간만을 고려했었다. 그 공간들은 시각화하기 쉽지만 매우 특별하다. 대부분의 공간에서는 곡률이 위치에 따라 다르다.

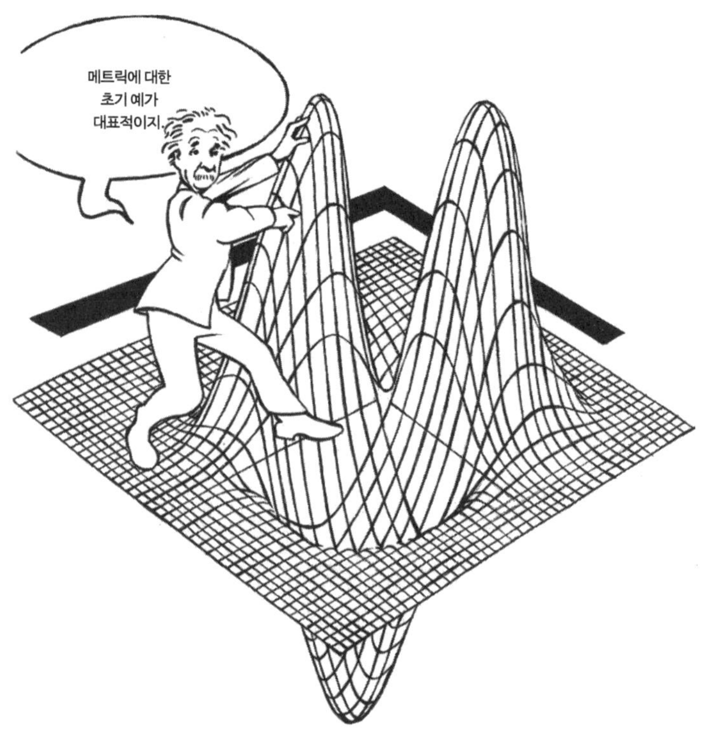

곡률은 가파른 계곡이 있는 산악 지역에서는 크고 거의 평평한 초지에서는 작다. 그러므로 지구는 거의 구이고 곡률이 거의 일정하지만, 변화가 있는 지형으로 인해 곡률도 약간의 차이가 있다.

나중에 보겠지만, 일반상대성 이론에서 시공간의 곡률도 마찬가지다.

시간과 공간 vs. 시공간

어찌 된 일인가? 먼저 우리는 아인슈타인이 어떻게 시간과 공간을 시공간으로 통합했는지 강조했다. 지금은 다시 시간과 공간을 이야기하고 있으며 아인슈타인의 방정식을 내재적 곡률과 외재적 곡률로 다시 쓸 수 있다고 말했다. 이를 이해하기 위해서 특수상대성 이론으로 돌아가보자.

관찰자가 시공간을 어떻게 움직이느냐에 따라 그 분할은 상대적이고 절대적이지 않다.

휘어진 공간의 경우에 일반적으로 공간의 각 점에서 다르게 움직이는 무한 명의 관찰자를 상상할 수 있다.

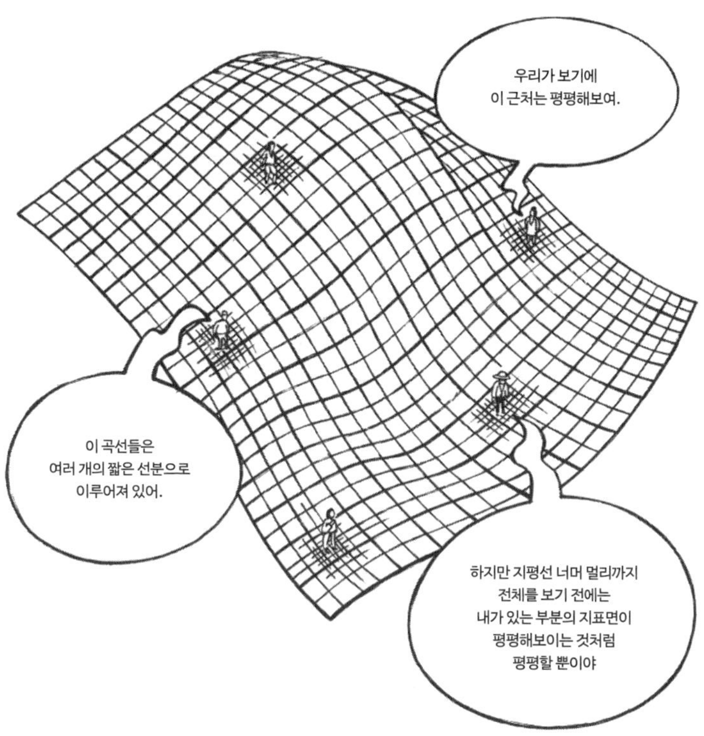

하지만 모든 관찰자를 고려할 때, 부분적인 공간은 일반적으로 평평한 것과는 거리가 멀다.

시간과 공간의 쪼개기는 실제로 아인슈타인의 방정식을 풀고 그 방정식을 우주의 모델을 세우는 것 같은 실제 상황에 적용하게 된다는 점에서 특히 중요하다.

자연에서 일반상대성 이론 시험하기

아인슈타인의 방정식은 우리가 요구하는 기본적인 것을 만족한다. 하지만 새로운 이론의 개념이 나온 후에 최후의 심판자는 항상 자연이다. 일반상대성이론은 어떤 시험을 받았는가? 어떤 예측이 증명되었는가? 우리는 이미 수성의 근일점이 움직인다는 부분에서 뉴턴의 중력 문제를 논의했었다.

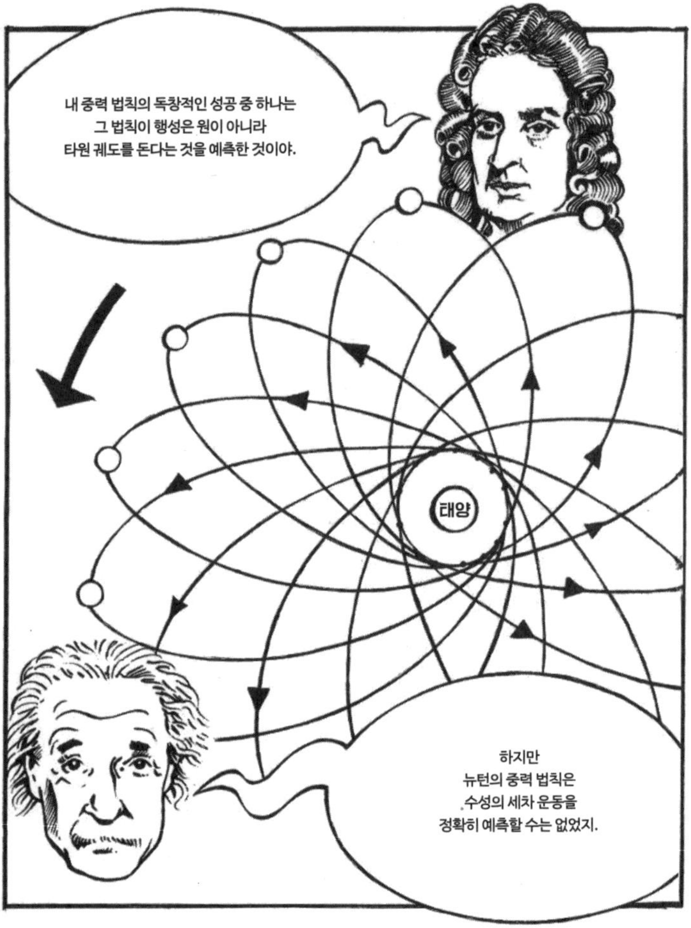

내 중력 법칙의 독창적인 성공 중 하나는
그 법칙이 행성은 원이 아니라
타원 궤도를 돈다는 것을 예측한 것이야.

태양

하지만
뉴턴의 중력 법칙은
수성의 세차 운동을
정확히 예측할 수는 없었지.

뉴턴의 중력 법칙도 수성의 근일점 이동을 태양과 수성 이외의 다른 행성의 영향으로 설명하지만 관측된 결과와 일치하지는 않았다.

일반상대성 이론의 첫 걸음

빛의 휨 현상

수성의 근일점 이동을 뉴턴 역학보다 더 정확하게 예측했지만 일반상대성 이론의 실제와 유용성을 사람들에게 납득시키기에는 충분하지 않았다. 1921년 아인슈타인은 소위 광전 효과와 이론물리학에 대한 공헌으로 노벨 물리학상을 수상했지만 일반상대성 이론으로 수상한 것은 아니었다.

1919년 일반상대성 이론의 예측은 증명되었다.

일반상대성 이론의 예측에 대한 천문학자 아서 에딩턴 경Sir Arthur Eddington 1882-1944의 실험은 유명하다. 그의 탐험대는 태양의 일식을 연구하기 위해 1919년 봄에 영국에서 출발하여 아프리카 서쪽 해안의 프린시페 섬으로 항해했다.

일식은 5월 29일 오후 2시에 일어날 예정이었지만 그 날 아침 폭우를 동반한 태풍이 있었다. 에딩턴은 이렇게 썼다. "비는 12시쯤 그쳤고 1시 30분쯤 태양이 보이기 시작했다. 우리는 사진을 찍어야 했다."

일식

에딩턴은 나중에 이렇게 썼다.

"나는 사진판을 바꾸느라 바빠서 일식을 보지 못했다. 단지 일식이 시작됐다는 것을 확인하기 위해 잠깐 보고, 중간에 구름이 얼마나 있는지 확인하느라 봤을 뿐이다. 우리는 16장의 사진을 찍었다. 사진은 놀라울 정도로 뚜렷이 태양을 잘 보여주었다. 하지만 구름이 별들의 이미지를 찍는 데 방해가 되었다. 마지막 몇 장의 사진은 우리가 필요로 하는 몇몇 이미지를 보여주었다."

아인슈타인의 예측은 태양에 의해 별빛이 뉴턴의 중력법칙의 예측과 달리 휘어진다는 것이었다. 에딩턴의 관측은 일반상대성 이론이 유효하다는 설득력 있는 증거를 보여주었다. 에딩턴은 나중에 시구를 지었다.

지혜로운 자에게 우리의 측량을 분석하게 하라
적어도 한 가지는 확실하지. 빛은 중력의 영향을 받아.
한 가지는 확실하고 나머지는 논쟁거리야.
태양 근처에서, 광선은 직선을 따라 가지 않아.

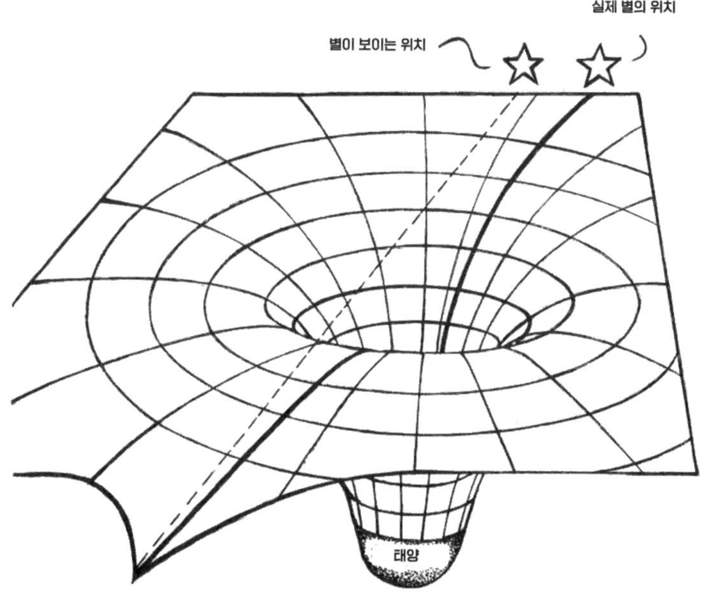

등가원리 한 번 더 살펴보기

우리는 일반상대성 이론의 또 다른 예측으로 관성 질량과 중력 질량의 등가라는 등가 원리를 언급했었다. 이 원리는 모든 물체는 정확히 같은 가속도로 지구에 떨어진다는 것을 의미한다.

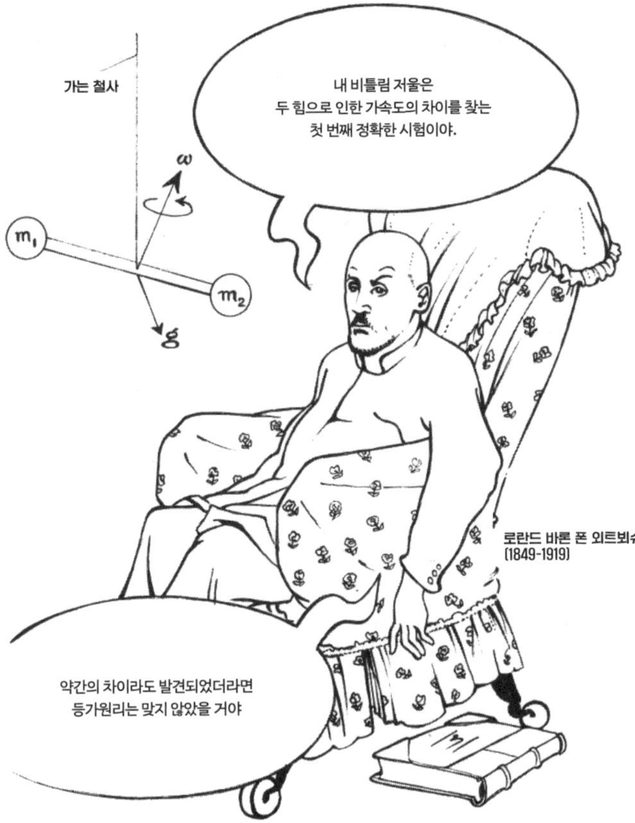

가는 철사

내 비틀림 저울은
두 힘으로 인한 가속도의 차이를 찾는
첫 번째 정확한 시험이야.

ω

m_1

m_2

g

로란드 바론 폰 외트뵈슈
(1849-1919)

약간의 차이라도 발견되었더라면
등가원리는 맞지 않았을 거야

비슷한 시험이 정기적으로 실행되었고, 각 실험은 더 좋은 정확도를 보여주었지만, 아직까지 차이가 측정된 적은 없다.

잘 검증된 이론

오늘날, 아인슈타인의 이론은 양자 전기역학 다음으로 가장 잘 검증된 이론이다. 하지만 일반상대성 이론이 어떤 상황에서는 성립해서는 안 된다고 믿을 만한 이유가 있다.

일반상대성 이론의 또다른 중요한 예측이 있는데, 그것은 블랙홀과 중력파이다.

블랙홀

대략적으로 이야기하면, 아인슈타인의 방정식은 어떤 영역에 물질이 많이 있을수록 그 영역에 시공간 곡선이 더 많이 있다고 말한다. 그래서 그 영역으로 더 많은 물질이 빨려들어 갈수록 물체가 빠져나오기는 더 어려워진다.

독일 수학자 칼 슈바르츠실트Karl Schwarzschild, 1873~1916는 1916년에 처음으로 블랙홀 해를 구하였다.

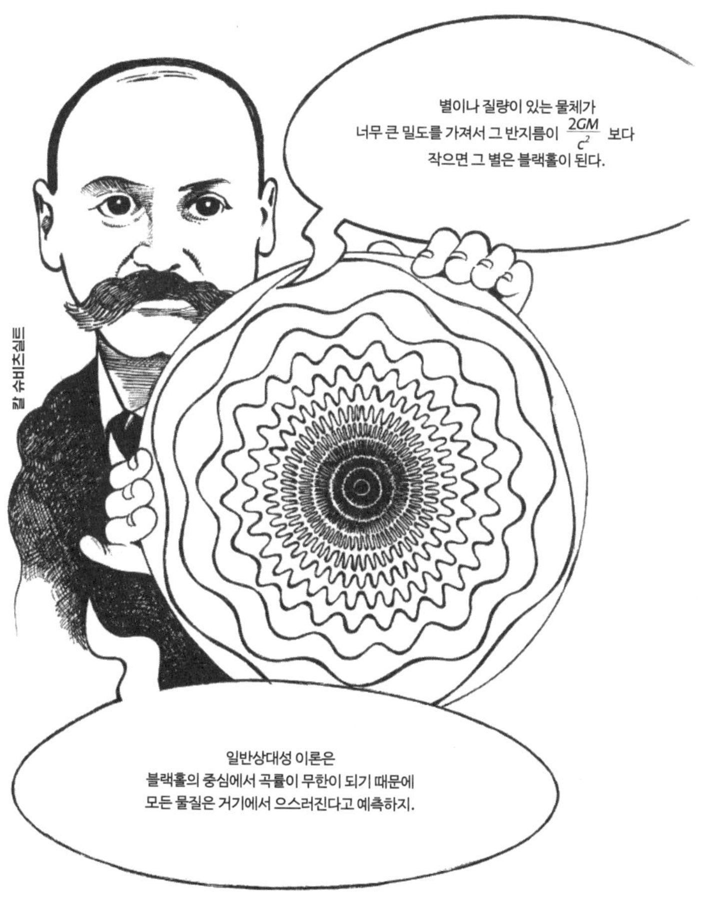

태양의 질량보다 약 백만 배 무거운 질량을 가진 거대한 블랙홀은 우리 은하를 비롯해 많은 은하의 중심에 있다고 사람들은 믿고 있다.

시간에 따라 변하는 가속도

일반상대성 이론의 다른 중요한 예측은 중력파이다. "언제 빛이 방출되는가?"라고 질문해보자. 빛은 고전적으로 전기장과 자기장을 진동하는 것으로 설명된다.

맥스웰 방정식이 전기장과 자기장을 어떻게 연관시켰는지 기억하자.

전자와 같은 전하를 가속시키면, 시간에 따라 변하는 자기장이 생기지.

그건 개의 꼬리를 잡아당기면 개가 반응하는 것과 같아.

요약해서, 시간에 따라 변하는 자기장은 시시각각 변하는 전기장을 만드는 식이다. 시간에 따라 이렇게 변하는 전기장과 자기장이 전자기파이다. 전자기파가 라디오 안테나를 지날 때 무슨 일이 일어나는지 생각해보자.

그래서 전자기파는 라디오 안테나에서처럼 전하가 가속되었을 때 방출된다.

질량을 흔들다

질량이 있는 물체예를 들어, 별를 앞뒤로 흔들면 어떤 일이 일어나는가? "질량을 흔든다"라는 것은 말 그대로 질량이 있는 물체를 앞뒤로 움직인다는 것이다.

그런 운동을 하면 물체는 반드시 시간에 따라 변하는 가속도를 가질 것이다.

시간에 따라 변하는 가속도는 일반상대성 이론과 전자기학의 강력한 유사성을 제공하지.

일반상대성 이론은 시간에 따라 변하는 가속도를 갖는 질량은 중력파를 방출해야 한다고 예측했다.

고무판 비유

중력파를 생각하는 또 다른 간단한 방법은 중력파를 늘어난 고무판과 비교하는 것이다.

같은 방식으로 중력파도 흔들린 질량 주위의 모든 방향으로 퍼져나갈 것이다.

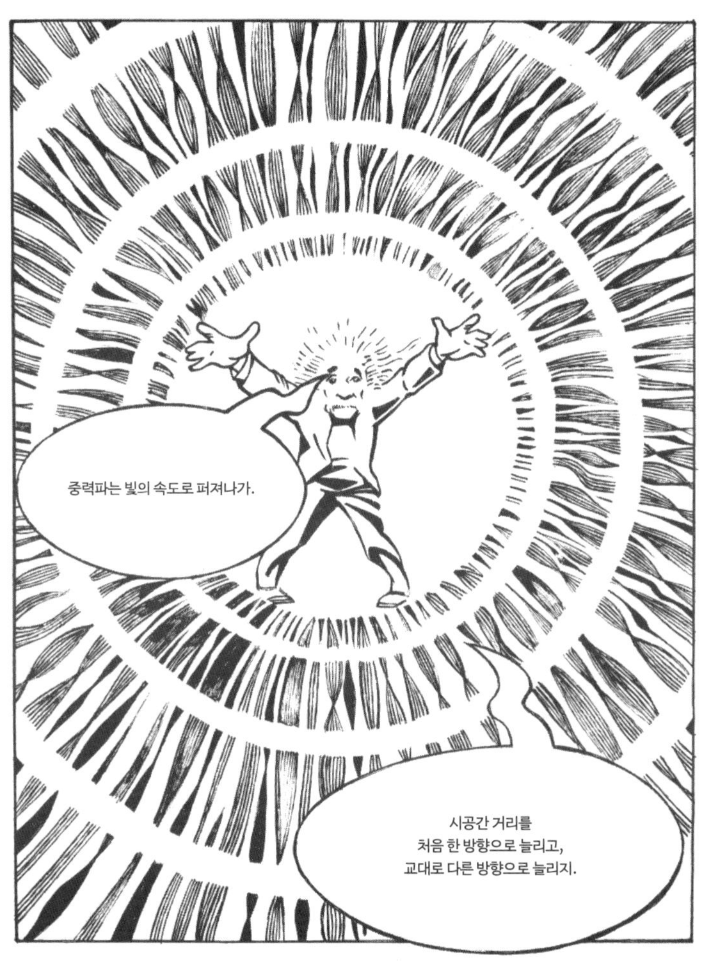

중력의 미세함

하지만 뉴턴의 중력상수 G는 매우 작기 때문에 이런 중력파는 정말로 존재한다고 하면 믿기 힘들 정도로 약하다.

글쎄, 빛은 에너지를 운반한다. 예를 들면, 해변에서 사람들의 피부가 타는 것을 보라!

그래서 중력파도 에너지를 운반해야만 한다.

그래서 중력파의 방출이나 흡수로 인해 에너지를 잃거나 얻는 물체를 관찰할 수 있기를 기대할 수 있다.

별 응시하기

현재까지[4] 중력파에 대한 최고의 증거는 지금은 유명한 한 쌍의 별에 대한 관찰에서 나왔다. 그 두 별은 PSR 1913+16이라고 불리는 쌍별계로서 서로의 주위를 매우 빠르게 돈다. 25년에 걸친 연구를 통해 얻어진 정확한 관찰은 수성의 근일점처럼 궤도의 주기가 일정하지 않다는 것을 보여주었다.

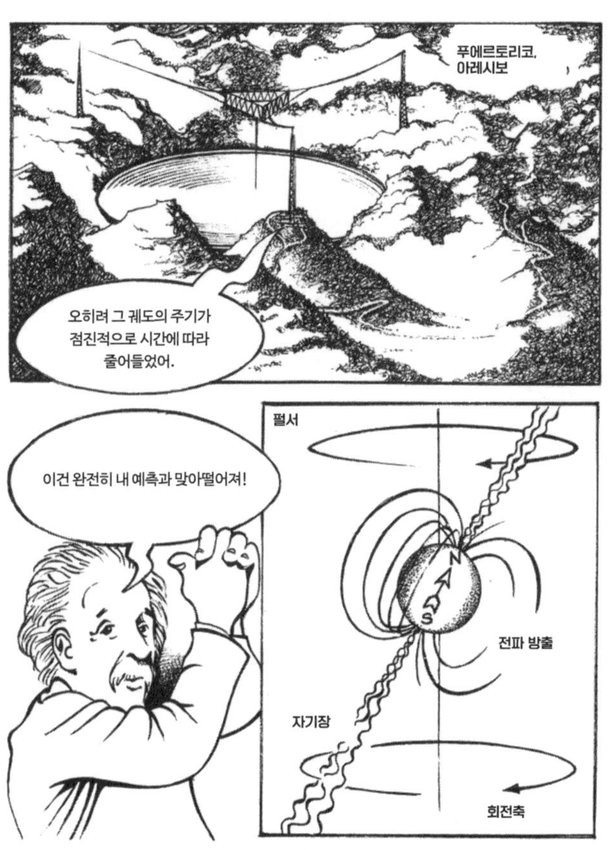

4) 저자가 이 책을 출간할 때까지를 말함. 그 이후 2016년 2월 11일 LIGO에 의해 중력파가 직접 검출됨.

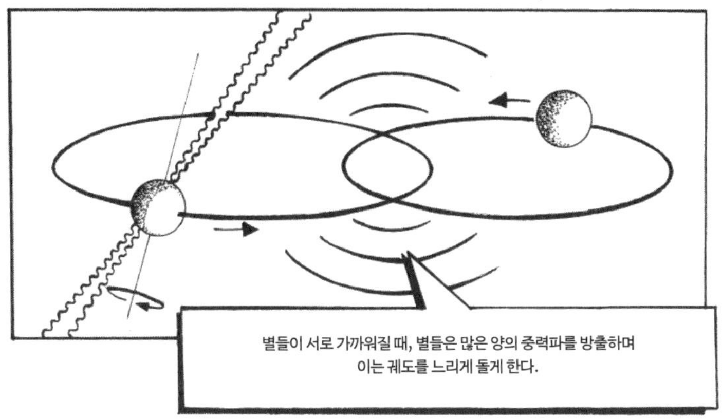

헐스와 테일러는 이 연구로 1993년에 노벨 물리학상을 수상했고, 그들의 연구는 일반상대성 이론의 정교한 시험을 제공한다.

여전히, 쌍별계가 궤도를 도는 주기는, 가능성은 별로 없지만 다른 이유로 느려질 수도 있다. 과학 정신에 입각하여, 중력파의 존재를 증명하기 위해서는 중력파를 직접 감지해야 한다는 데 일반적으로 동의한다.

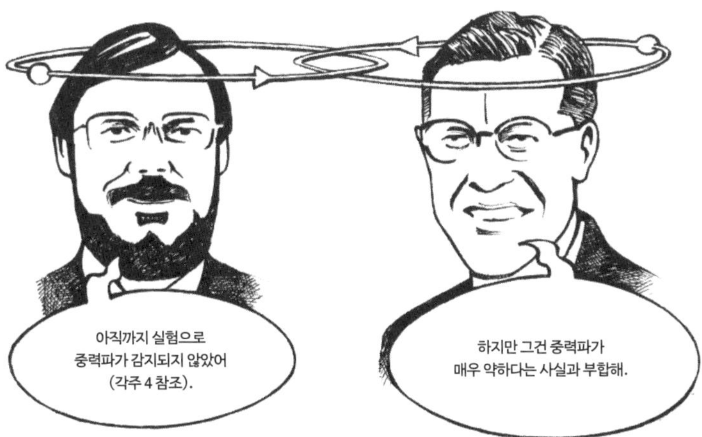

중력파가 존재한다면, 중력파가 시공간을 늘리거나 압축한다는 사실을 직접적으로 이용한 긍정적인 감지 결과가 21세기의 첫 10년 동안 나와야 한다.

간섭계 관찰

어떻게 중력파를 직접 감지할 수 있을까? 미터 자를 이용하여 시공간이 늘어난 현상을 직접 살펴보려 한다고 상상해보자.

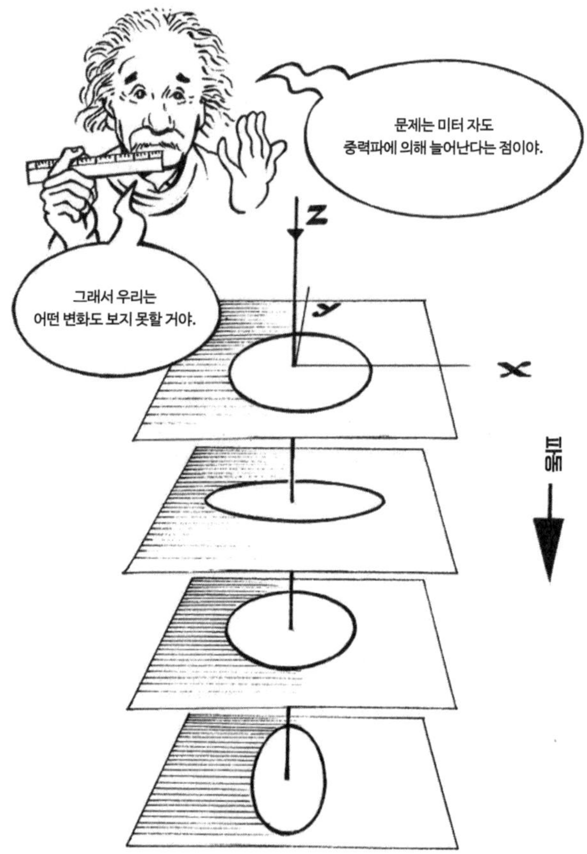

z 방향을 따라 움직이는 중력파는 원을 타원으로 바꿀 것이다. 처음에는 x축 방향으로 원을 늘리고 그 다음에는 y축 방향으로 늘리는 등 중력파가 완전히 지날 때까지 이런 과정을 반복할 것이다.

중력파 망원경을 가진 새로운 세대는 결과를 줄 준비2002년 현재가 거의 되어 있다. 미국에는 레이저 간섭계 중력파 관측소LIGO가 있고, 영국에는 독일과 공동으로 진행하는 프로젝트 GEO600이 있다. 프랑스와 이탈리아가 공동으로 운영하는 관측소 버고VIRGO를, 일본은 타마TAMA를 가지고 있다. 이 모든 관측소는 매우 큰 비용이 들고 레이저 간섭계를 기반으로 하고 있다.

(라이고)LIGO, 미국 워싱턴 주 리치랜드, 한포드 관측소
(두 번째로 거대한 간섭계는 루이애나주 리빙스턴에 있다.)

중력파 간섭계는 어떻게 작동하는가

간섭계는 다소 간단한 장치이며, 직각으로 만나는 두 개의 긴 통로로 이루어져 있다.

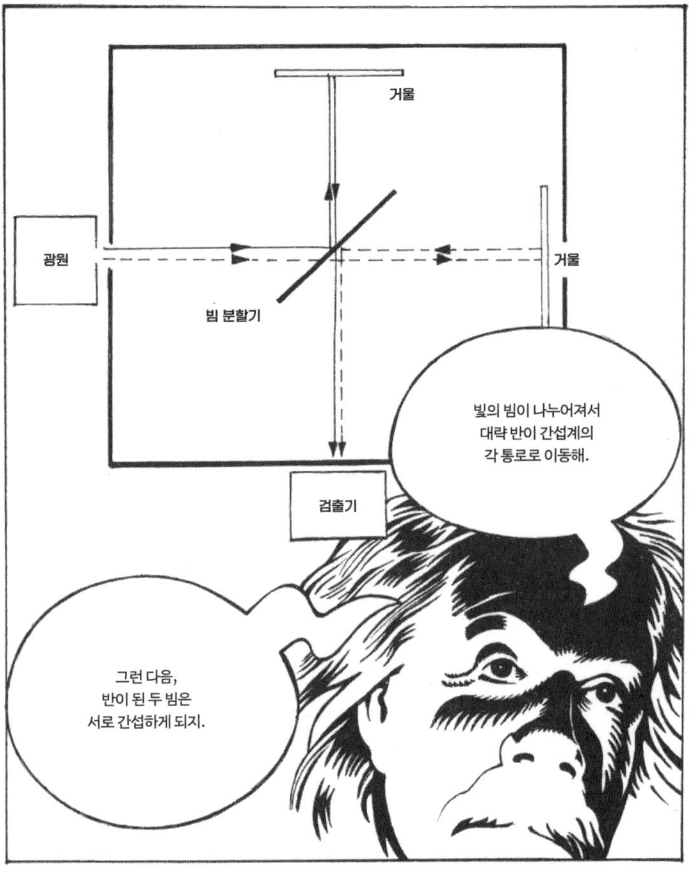

거울

광원

거울

빔 분할기

검출기

빛의 빔이 나누어져서
대략 반이 간섭계의
각 통로로 이동해.

그런 다음,
반이 된 두 빔은
서로 간섭하게 되지.

이 상황은 특유의 밝음-어두움-밝음의 간섭 무늬를 만들고, 이는 빛이 파동의 특성을 가짐을 보여준다.

어두운 부분은 간섭계의 두 통로에서 오는 두 빛의 위상이 정반대인 곳에서 생긴다. 즉, 한 통로에서 오는 빛의 봉우리는 다른 통로에서 오는 빛의 골을 만난다. 밝은 부분은 두 빛의 위상이 완전히 같은 곳에서 생긴다. 골은 골과 만나고 봉우리는 봉우리와 만날 때 밝은 부분이 된다.

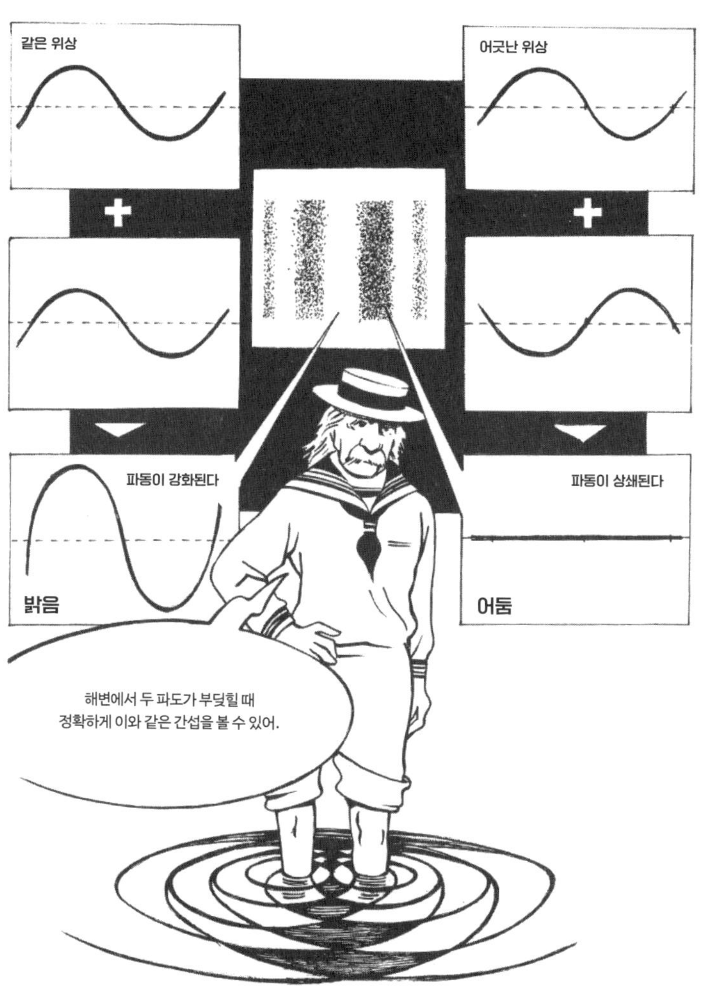

간섭 무늬

간섭계를 사용하는 아이디어는 어떤 배경을 가지고 있는가? 중력파가 간섭계를 지나면서 간섭계의 한 통로가 길어지게 늘리면, 빛이 거울에 반사되기 전에 그 통로를 따라서 움직여야만 하는 경로는 길어진다.

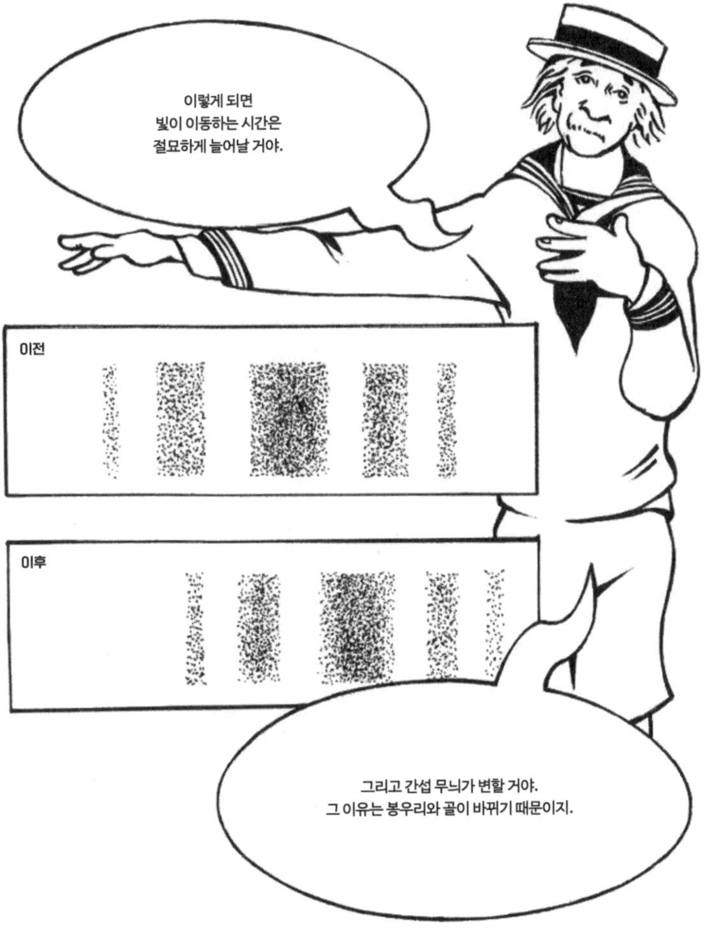

블랙홀과 중력파는 우리를 흥분시키는 예측이다. 그 둘은 보통 상대적으로 작은 규모에서 생긴다. 다음으로, 우주를 한 개의 물체로 간주했을 때 거대한 규모에서 어떤 일이 일어나는지 생각해보자. 아인슈타인의 방정식을 이용하여 우주가 어디에서 왔고 어디로 가는지 이해하기 위해 노력해볼 수 있다.

우주의 크기를 재다

우리 주변에서 우주를 본다면, 우리는 먼저 태양계의 행성을 본다. 행성을 넘어서는 몇 천 광년을 가로지르는 우리 은하의 별과 가스 구름을 본다. 광년은 빛이 1년 동안 이동하는 엄청난 거리임을 기억하자.

우리 은하 바깥에는 대략 천억 개의 은하가 있다. 자연스럽게 떠오르는 질문은 "도대체 어떻게 이 천억 개의 은하가 분포되어 있는가?"이다

예를 들면, 은하들은 한 방향에 몰려있는가? 놀랍게도 은하들은 사실 하늘에서 균일하게 흩어져 있다고 밝혀졌다.

하지만 약간 다른 문제에 초점을 맞춰보자.

코페르니쿠스 원리

은하의 개수가 모든 방향으로 대략 같기 때문에 두 가지 경우 중 하나임을 의미한다.

내가 예측한 대로
모든 곳에서 우주는 대략 같거나.

코페르니쿠스

태양

지구

수성
금성

화성
목성
토성

또는 우리가 우주의 중심에서
관찰하고 있다는 것을 의미하지.

고정된 별들로 이루어진 정적인 구

일반적으로 우주론의 역사와 물리학의 역사는 기독교와 상당히 대립했었다.

우리가 우주의 중심 '근처'에 있다는 아이디어는 매우 인기가 없는 것으로 판명되었다.

이렇게 된 것은 비종교적인 편견 때문이기도 하고, 코페르니쿠의 원리에서 나온 우주 모델이 상당히 단순하기 때문이기도 하다.

장 방정식을 단순화하다

'더 간단한 모델'은 우주론자에게 분명히 즐거운 보상이다. 아인슈타인의 장 방정식은 어마어마하게 복잡하고 그 방정식이 나온 이래 대부분 풀리지 않은 채로 있었음을 강조하고 싶다.

'FLRW'

일반상대성 이론이 나온 이후 곧 코페르니쿠스 원리를 따르는 우주론이 나왔다. 이러한 '단순화'는 네 명의 과학자가 한 연구인데 그들 이름의 첫 철자를 따 'FLRW'라고 부른다. 이들 과학자는 러시아 물리학자 알렉산더 프리드만Alexander Friedmann, 1888~1925, 벨기에 성직자 게오르게스 르메트르Georges Lemaître, 1894~1966, 북아메리카인 하워드 로버트슨H.P. Robertson, 영국 수학자 아서 워커Arthur G. Walker이다.

우리는 '높은 대칭성을 가진 경우',
즉 팽창하는 우주를 설명하면서 단순화시켰어.

게오르게스 르메트르

팽창하는 우주를 설명하는 방정식에
대한 단순한 해를 찾음으로써
우주론을 '발견'했지.

난 당신들의
'팽창하는 우주'에 대한
확신이 없어.

우주는 정지해 있는가 아니면 팽창하고 있는가?

FLRW는 아인슈타인이 시작한 연구를 일반화했다. 아인슈타인은 ‘우주 상수밀치는 힘’를 도입해서 끌어당기는 중력과 균형을 맞추지 못하면 우주는 정지되어 있을 수 없음을 발견했어.

알려진 대로 FLRW 모델은 우주론의 근간이 되었다. 우리가 인기 있는 글에서 우주론에 관해 들을 수 있는 거의 모든 이야기가 이 모델을 바탕으로 한다.

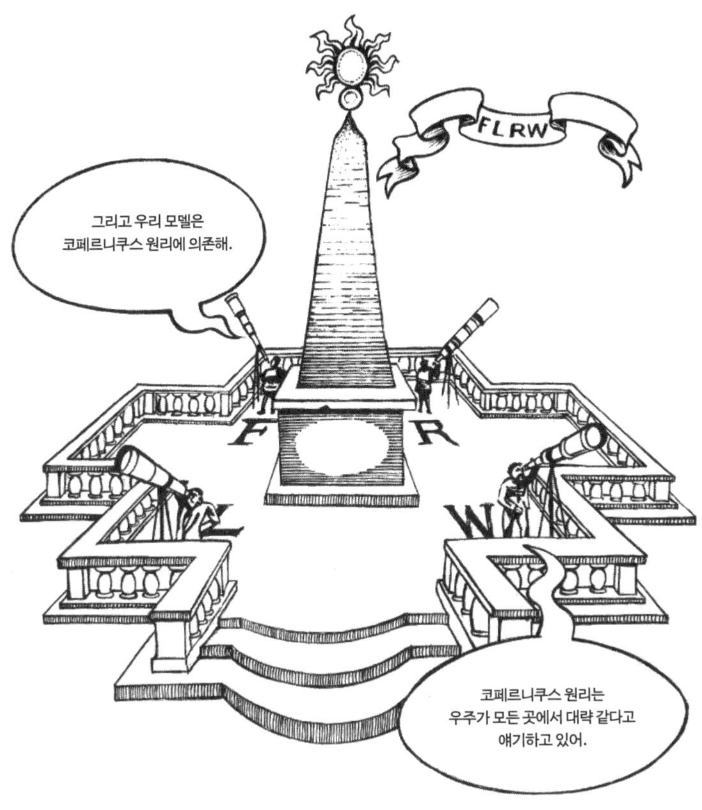

코페르니쿠스 원리를 증명하거나 틀렸음을 입증하는 일은 몹시 어렵지만, 앞으로 15년 안에 이 문제의 해결을 위한 중대한 발전이 있을 것이다.

우주의 운명

FLRW 모델의 멋진 특징 중 하나는 기본적으로 세 개의 모델만 있다는 것이다. 달리 말하면, 아인슈타인의 방정식에 대한 FLRW의 해는 세 개의 다른 유형만 있으며, 각각은 양의 곡률, 음의 곡률, 0의 곡률평평한 공간로 분류된다. 모든 모델은 '빅뱅'으로 시작한다. 빅뱅이라는 용어는 우주론자 프레드 호일 경Fred Hoyle, 1915~2001이 얄잡아 부른 데서 유래한다.

하지만 이후 진화한 FLRW 모델은 근본적으로 다르고, 모델이 예측하는 우주의 운명도 마찬가지다!

임계 밀도 : 첫 번째 모델

FLRW 모델에는 약 $10^{-29}g/cm^3$의 임계 밀도가 있다. '임계 밀도'는 수소, 빛, 암흑물질, 우주 상수 등 모든 종류의 물질의 밀도와 복사를 합한 것을 지칭한다. 임계 밀도보다 큰 밀도를 가진 우주는 유한하고, 그 공간은 3차원 구, 즉 양의 곡률을 가진다.

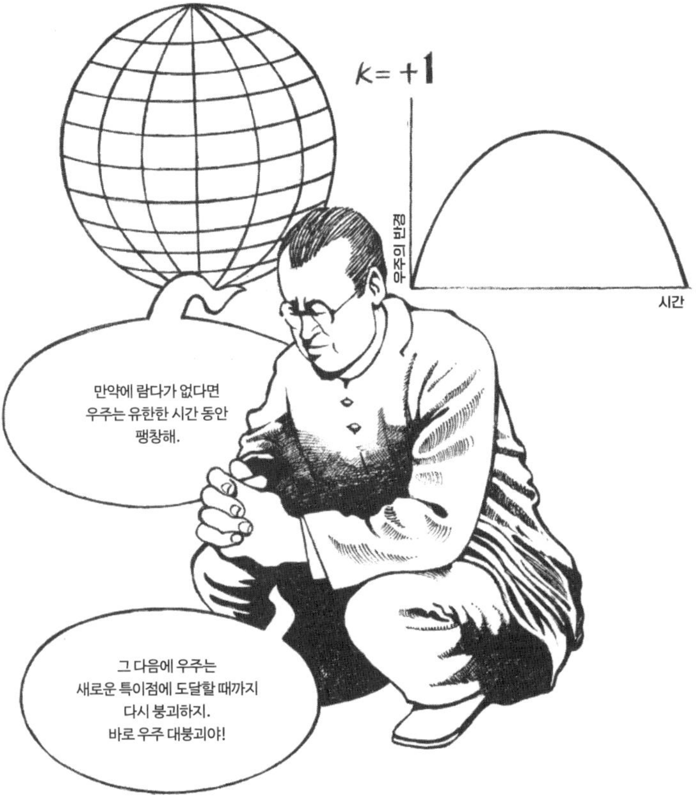

두 번째 모델

임계 밀도보다 작은 밀도를 가진 우주는 대충 이야기해서 중력이 제어할 수 있는 에너지보다 더 많은 운동 에너지를 갖는다.

$k=-1$

우주의 반경

시간

비록 확장 속도는 끊임없이 느려지더라도
우주는 영원히 팽창하는 거야.

이 경우에 우주는 시간과 공간 둘 다에서 무한하고**시간이 영원히 지속되기 때문에**, 공간은 음의 곡률을 가진다.

세 번째 모델

정확하게 임계 밀도에서 3차원 공간은 2차원 종이 한 장처럼 평평하다.

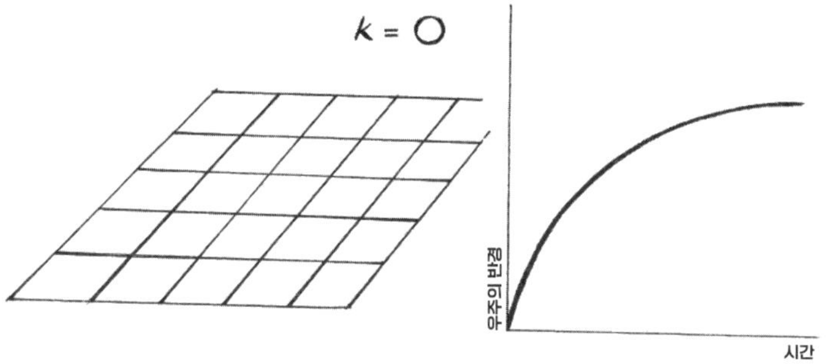

$k = 0$

우주의 반경

시간

임계 밀도인 10^{-29}이
믿기 어려울 만큼 작지만,
우리 우주는 평균적으로
임계 밀도와 매우 가깝다.

임계 밀도보다
큰지, 작은지, 같은지.
정확하게 우리가 어느 쪽인지
여전히 모른다.

적색 편이

1929년. 천문학자 에드윈 허블Edwin Hublle, 1889~1953은 우주의 팽창을 실험적으로 발견하였다. 그는 은하가 희미해질수록 은하의 빛이 더 긴 파장으로 더 많은 '적색 편이'가 많이 생기는 것을 보았다.

에드윈 허블

가장 간단한 설명은
우리에게서 멀리 떨어져 있는 희미한 은하가
가까이 있는 은하보다 더 빨리 멀어진다는 것이지.

높은 진동수의 가시광선은 파랗게 보이고, 낮은 진동수는 빨갛게 보인다. 물체가 관찰자로부터 빠르게 멀어져가면서 빛을 방출하면, 그 빛은 물체가 관찰자로부터 멀어지고 있지 않을 때보다 더 빨갛게 보인다.

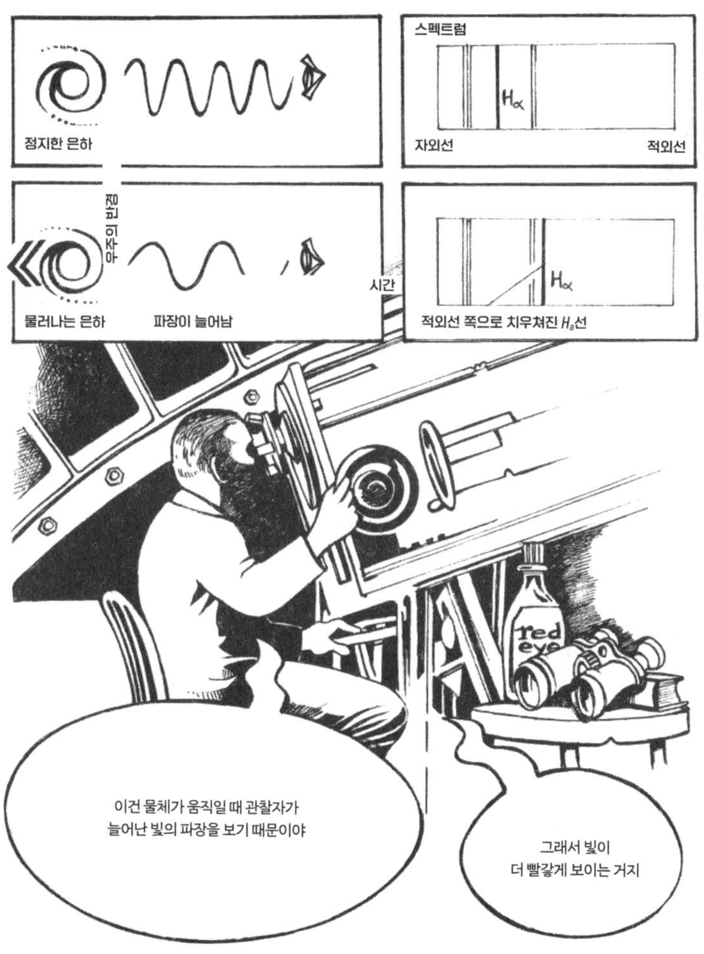

아인슈타인의 정지한 우주

허블의 관측은 중대한 전환점이 되었다. 아인슈타인은 우주가 정지되어 있어야 한다는 가정 하에 우주가 팽창한다고 예측할 기회를 놓쳤음을 알게 되었다.

우주 상수(람다)라는
힘을 도입해서 중력과 균형을 맞추지 않으면
정적인 우주는 내 방정식의 해가 될 수 없어.

이게 나의 가장 큰 실수였어.

하지만 람다 항은
우주가 어떻게 진화할 수 있는지에 대한
풍부한 정보를 주었어.
그리고 람다 항은
그냥 없애기에는 너무 중요한 항이야.
낚시
지난 75년 동안
사라졌다, 나타났다를 반복하다가
끝내 여기 남게 되었지.

가속하는 우주

우주 상수는 밀어내는 힘이라서, 물질에 음압력처럼 작용하고 은하들이 서로 밀어내게 한다. 은하들이 서로 멀리 떨어져 있을수록 서로를 끄는 중력이 더 약해진다.

하지만 밀치는 우주 상수는 거리가 증가한다고 해서 약해지지 않는다.

즉, 은하들이 서로에게 멀어질 때 가속한다. 우주 용어로, 우주가 가속하기 시작한다고 말한다.

끝없는 팽창

가속도는 우주의 먼 미래를 바꿀 수 있기 때문에 엄청난 효과를 만들어 낼 수 있다. 우주가 람다로 인해 가속하기 시작하면, 그리고 일반상대성이론이 들어맞고 '이상한 물질'이 없다면, 우주는 아마 영원히 가속할 것이다.

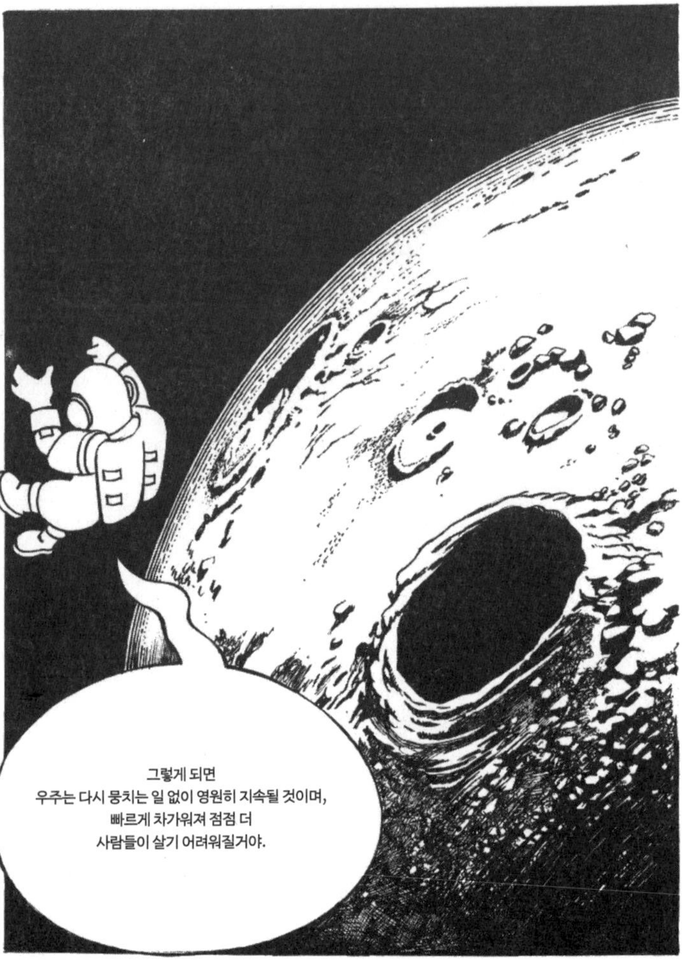

그렇게 되면
우주는 다시 뭉치는 일 없이 영원히 지속될 것이며,
빠르게 차가워져 점점 더
사람들이 살기 어려워질거야.

멀리 떨어진 초신성**거대한 우주 폭발**을 관측한 바에 의하면, 가속하지 않은 우주에서 볼 수 있는 경우보다 더 희미했다. 우주가 가속하고 있다면 고정된 적색 편이에 있는 물체는 가속하지 않는 우주에 있을 때보다 더 멀리 떨어져 있다. 따라서 그 물체는 더 희미해보인다.

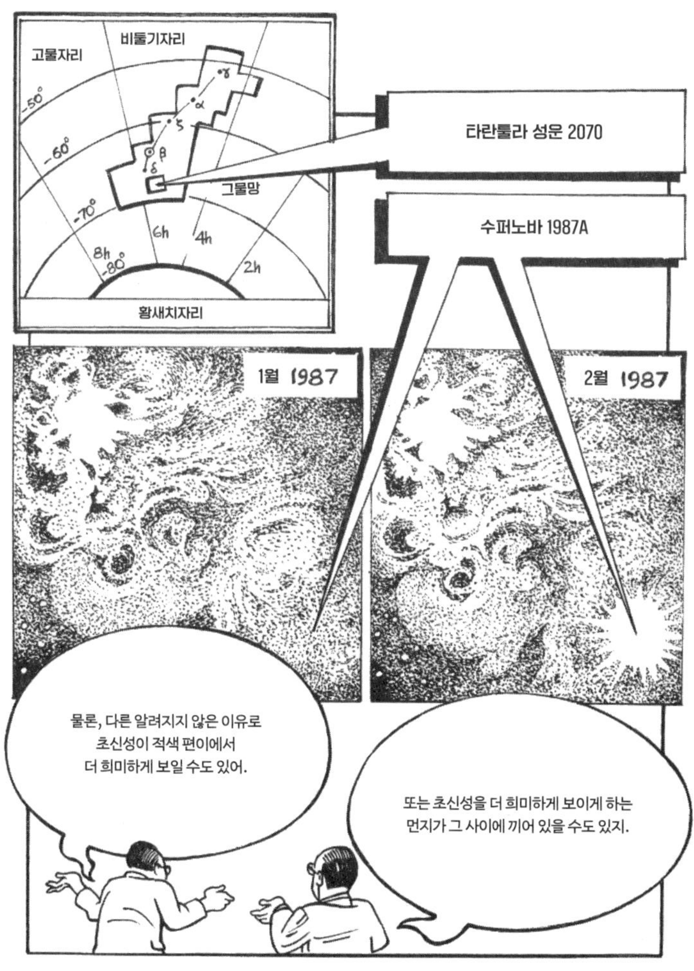

음압력

나중에 보겠지만, 초신성이 준 증거와 우주 배경 복사CMB의 관측은 음압력을 가진 '물질'이 우주에 상당히 있다고 확신하게 한다. 이 물질은 아마 우주 전체 에너지 밀도의 최소 60%를 차지한다. 이 에너지는 디랙의 반물질과 다른 것임에 주목하자.

물론, 음압력 물질이 전체 에너지의 몇 퍼센트인지는 사용하는 모델에 따라 달라져.

그리고 사람들은 내 방정식이 맞다고 가정하고 있어.

음 에너지**암흑 에너지**만 우주론적으로 중요한 '미스터리한 물질'인 것은 아니다. 오랫동안 은하의 회전 속도가 맞지 않다고 알려져 있었다.

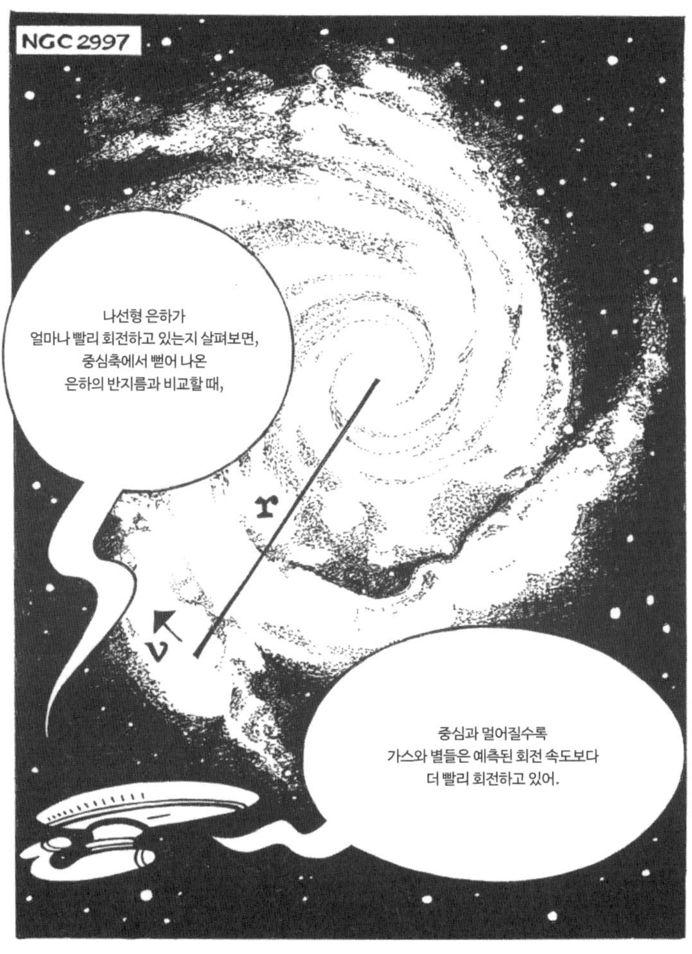

암흑 물질

이 문제는, 원을 회전하는 돌을 묶어 놓은 줄과 같이, 중력이 원형궤도를 도는 별을 유지하고 있다고 생각할 수 있다.

이제, 별의 속도를 증가시킴에 따라
우주에는 별이 원형 궤도에서 이탈하지 않고
궤도에 머물게 하는 데 더 많은 질량이 필요하지.

하지만 우리가 볼 수 있는 한에서 우주의 질량을 추정해보면, 관측되는 회전 속력으로는 별이 원형 궤도에 머물게 할 정도가 안돼. 이 문제를 '회전 곡선 문제'라 한다.

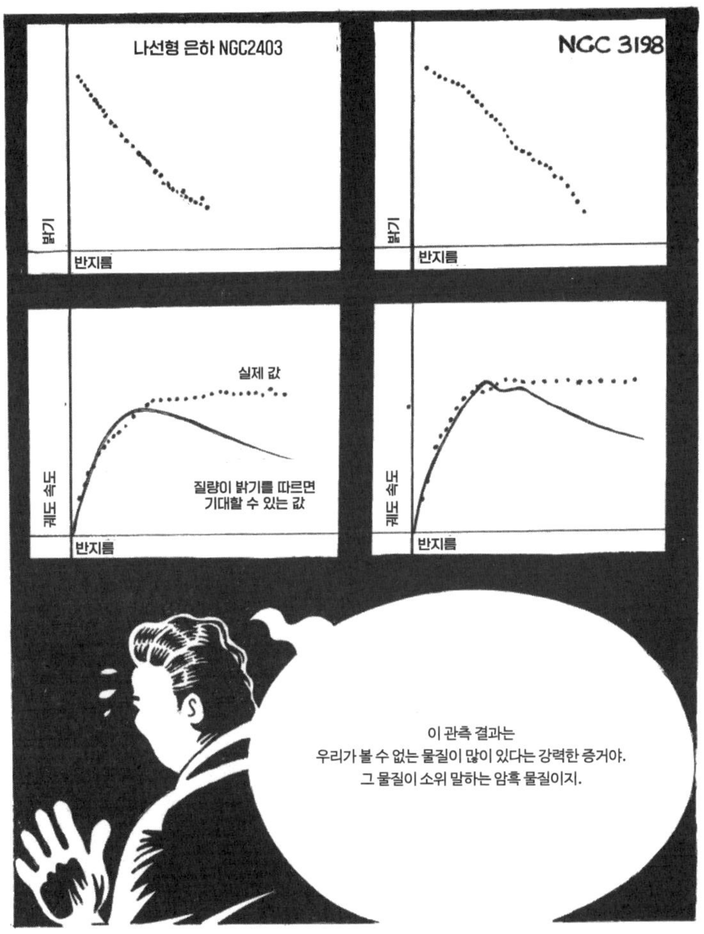

사실, 우주의 최소 25%의 에너지는 암흑 물질에서 나오는 것처럼 보이지만, 암흑 물질은 직접적으로 검출된 적이 없다!

일반상대성 이론을 넘어서

다음과 같은 자연스러운 질문이 생길 수 있다. 암흑 물질도 수성의 근일점처럼 뉴턴의 중력이론이 설명할 수 없는 효과가 아닐까?

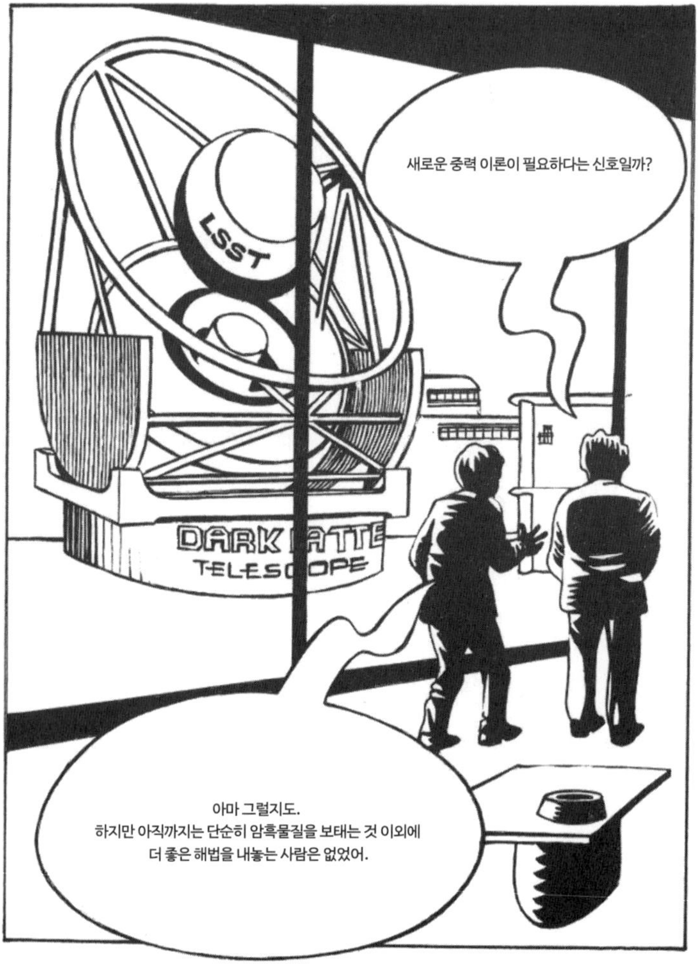

새로운 중력 이론이 필요하다는 신호일까?

아마 그럴지도.
하지만 아직까지는 단순히 암흑물질을 보태는 것 이외에
더 좋은 해법을 내놓는 사람은 없었어.

아마 그 해법 중 하나는 매우 작은 것들을 연구하는 입자물리학에서 나올지도 모른다.

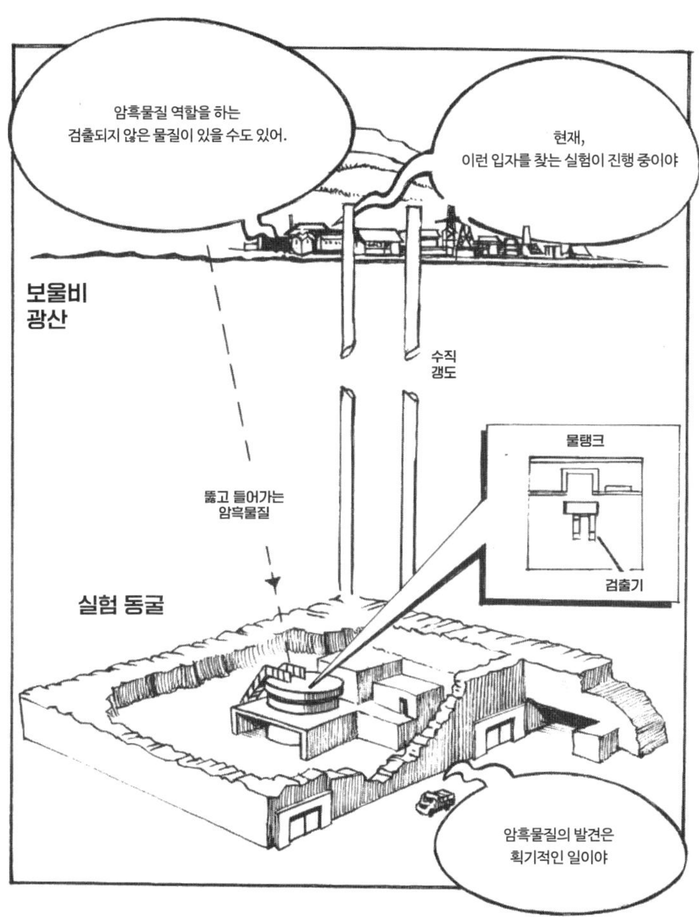

우주배경복사

1960년대 뉴욕에 있는 벨 연구소의 두 과학자 아르노 펜지아스와 로버트 윌슨은 마이크로파 파장의 모든 방향에서 나오는 이상한 잡음을 발견했다.

하늘의 모든 방향에 대하여 우주 복사의 아주 작은 요동을 찾는 데 30년이라는 힘든 시간이 걸렸다.

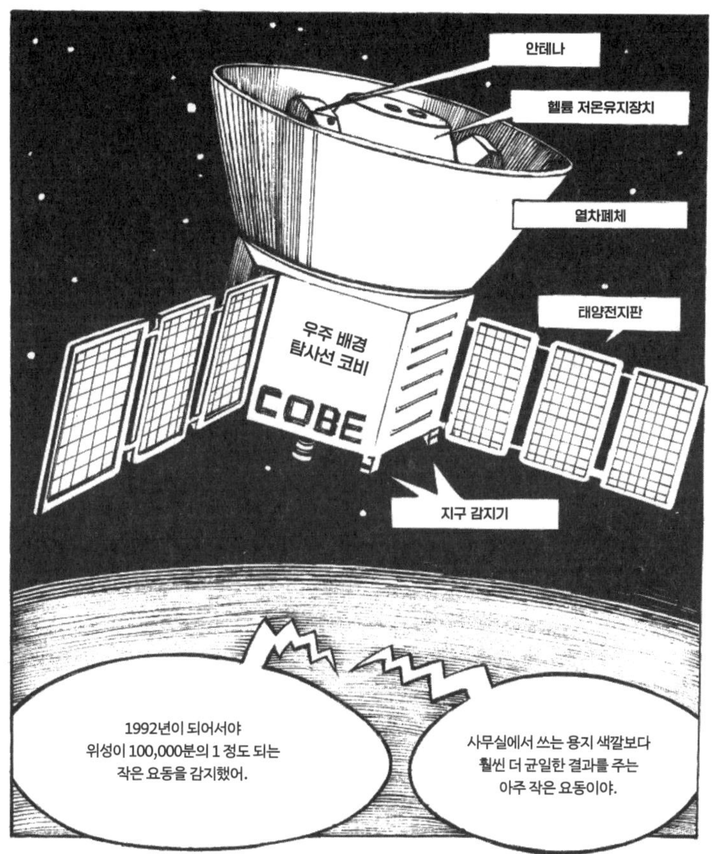

추가 위성 탐사

2001년에 마이크로파 비등방성 탐사기MAP라는 또 하나의 CMB위성이 발사되었는데, 이 탐사 위성은 코비COBE보다 훨씬 더 정확하다.

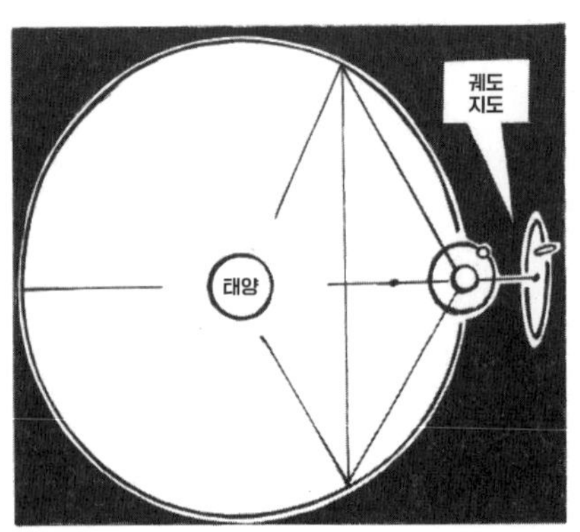

2007년또는 그 직후에 더 정확도가 높은 장치를 장착한 CMB위성인 PLANCK가 발사되었다. 두 실험은 우주를 이해하는 데 크나큰 실마리를 제공할 것이다.

균질성 미스터리

왜 우리가 CMB를 신경쓰는 걸까? 미스터리는 우주 복사의 온도가 놀라울 정도로 균일하다는 것이다. 백만 개의 동전이 들어 있는 커다란 가방을 있다고 하고, 그 가방을 카펫 위에서 비웠더니 카펫 위 동전 중 10개만 뒷면이고 나머지는 모두 앞면으로 나왔다고 상상해보자.

모든 방향에서 은하의 평균 개수는 같아 보인다. 이유가 무엇이고 어떻게 그런 일이 생겼는가? 이것이 '균질성' 문제이다.

"골디락스" 팽창 비율

하지만 완벽하게 균일한 분포를 가진 은하를 선택하더라도, 역설은 더 심해진다. FLRW 우주론에는 세 가지 기본 유형이 있었다. 즉 시간 축과 수직으로 쪼개진 삼차원 공간은 양의 곡률, 0의 곡률평평한 공간, 음의 곡률을 각각 가질 수 있다. 우주의 평균 밀도에 따라 우리 우주가 어떤 삼차원 공간에 해당되는지 알 수 있다.

하지만 여기에 문제가 있다. 우리 우주는 적어도 100억 년 동안이나 지속되고 있지만, 우주가 전혀 평평하지 않다면 우주는 지금 이전에 다시 붕괴되거나 또는 우주의 빠른 팽창으로 인해 은하, 별, 행성이 생성될 수 없었을 것이다.

평탄성 문제

평탄한 공간은 불안정하다는 점만 제외하면 아무런 문제가 없다. 이 불안정성은 연필을 연필심 끝으로 세우는 것과 같다. 연필을 어느 방향이든지 살짝만 밀어도 연필은 바로 쓰러질 것이다.

같은 방식으로.
3차원 공간 조각이 아주 작은 양의 곡률이나 음의 곡률을 갖는다면,
우주의 팽창으로 그 공간은 더욱 더 휘어지게 될 거야.

이 문제는 '평탄성 문제'로 알려져 있고, 앞서 나왔던 균질성 문제와 더불어 오늘날 아인슈타인 중력과 우주론의 영원한 미스터리이다.

급팽창 상태

평탄성과 균질성 문제는 수십 년 동안 알려져 있었다. 1980년에 미국 MIT의 알랜 구스의 아이디어는 우주론에 큰 기여를 했다. 다른 과학자들도 이전에 독립적으로 또는 부분적으로 이 아이디어를 논의했었다.

아인슈타인 상수의 사용

아인슈타인의 '가장 큰 실수'는 우주를 정지한 채로 유지하기 위해 우주 반발 상수를 도입했던 것임을 기억하자. 반대로, 구스는 오늘날 우리가 생각한 것보다 훨씬 빨리 우주를 가속시키는 데 이 반발력을 사용하자고 제안했다.

이 반발력은 우주를 평탄하게 해서
평평하게 보이게 해.

이런 면에서 급팽창은 연필을 다시 심지 끝으로 세우려고 한다. 우주가 충분히 급팽창하면 우리가 지금 보는 우주에 놀랄 일이 없다.

구스는 새로운 유형의 물질에 기반하여 우주 상수를 사용하는 대신에 급팽창하는 가속도를 구하는 방법을 제안했다. 구스의 새로운 물질인 '스칼라 장'물질은 최신 입자물리학이 예측했지만 아직 검출되지 않았다. 하지만 아인슈타인 방정식을 버리지 않는 한, 관측된 우주의 특징에 대한 설명으로 급팽창 이외에 달리 받아들여진 방법은 없다.

CMB, MAP, PLANCK 위성으로 급팽창을 시험해볼 수 있기를 기대한다.

특이점 정리

앞서 언급했듯이, 아인슈타인과 상대성 이론 학자들은 블랙홀 해를 알고 있었다.

하지만 블랙홀이 어떻게 만들어지고 얼마나 자주 생기는지에 대해 깊이 이해하지 못했어.

로저 펜로우즈

1960년대 중반에 나는 별이나 다른 밀도가 높은 물체가 어떤 임계 조건에 도달하면 반드시 블랙홀을 형성한다고 증명했어.

스티븐 호킹

그 후 나는 이 이론을 전체 우주로 확장했지.

호킹은 아인슈타인의 방정식을 만족하는 그럴듯한 우주론은, 우주의 밀도와 곡률이 무한인 점이 과거의 일정 시간동안 반드시 포함되어야 한다는 것을 보였다. 이 상태가 빅뱅이다. 그리고 이와 관련된 블랙홀과 우주에 관련한 정리를 특이점 정리라고 부른다.

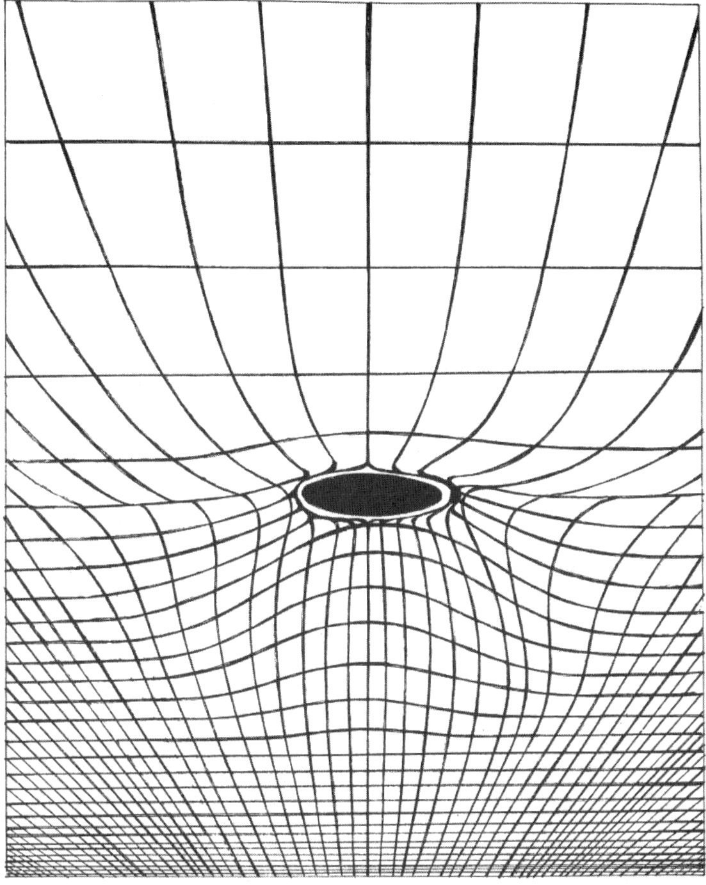

특이점 정리의 결과

특이점 정리는 지금 우주의 중력은 매우 약하고 밀도는 매우 작지만 넉넉히 잡아 100억 년~180억 년 전에는 무한히 컸음이 틀림없다고 말한다.

시간을 거꾸로 되돌린다면,
우리는 우주의 팽창이 아니라
우주의 수축을 보게 될거야.

입자들 사이의 거리는
시간에 따라 줄어들어.

입자들 사이의 거리가 거의 0이 될 때 빅뱅이 일어난다.

이 결과가 왜 놀라울까? 몇 가지 이유로 이 결과는 굉장히 놀랍다. 먼저, 곡률이 무한이면 일반상대성 이론을 쓸 수 없다.

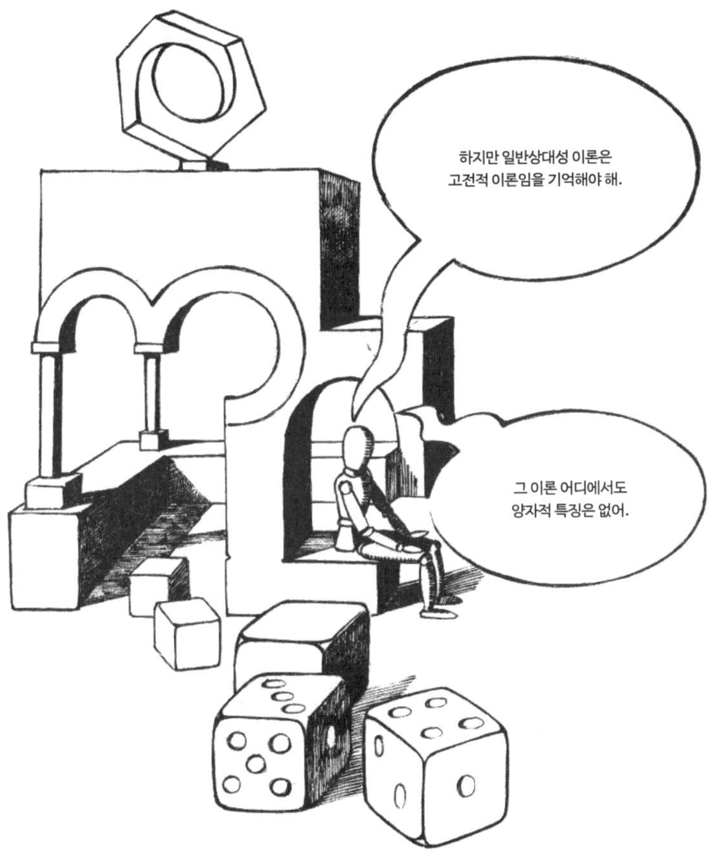

광속, c와 뉴턴 상수 G는 일반상대성 이론의 유일한 상수이다. 하지만 플랑크 상수, h는 어디에도 없다.

아인슈타인의 방정식의 무력화

플랑크 상수는 왜 중요한가? 두 입자 사이의 거리가 거의 원자의 크기 정도일 때, 고전 물리학은 맞지 않고 양자 효과가 중요하게 된다. 우주의 밀도가 급격하게 증가하면, 아인슈타인의 방정식은 양자 효과를 포함하고 있지 않기 때문에 이 방정식이 틀리기 시작하는 점이 반드시 있다고 대부분의 우주론자들은 생각한다.

아인슈타인 방정식의 놀라운 점들 중 하나는 이 방정식이 어떤 점에서는 유효하지 않다는 것까지 말해준다는 것이야.

아인슈타인의 방정식은 자신의 추락까지 예측한거야. 마치 정치인이 자신을 권력에서 밀려나게 투표한 것처럼 말야.

그래서 이제 아인슈타인의 방정식이 양자 효과를 포함하도록 확장할 필요가 있다. 아인슈타인을 포함한 20세기의 가장 유명한 물리학자들은 일반상대성 이론과 양자 이론을 통합하려고 시도했으나 실패했다.

추가적인 차원

아인슈타인은 전자기학 이론처럼, 자연의 모든 힘을 설명할 수 있는 통합 이론을 찾기를 바랬다. 일반상대성 이론이 했던 같은 방식으로 기하를 기반으로 하여 통일장 이론을 만들기를 원했다.

두 과학자 테오도르 카루자와 오스카 클라인은 5차원 공간을 조사하기로 하면서 아인슈타인의 꿈에 한 발자국 더 다가갔다.

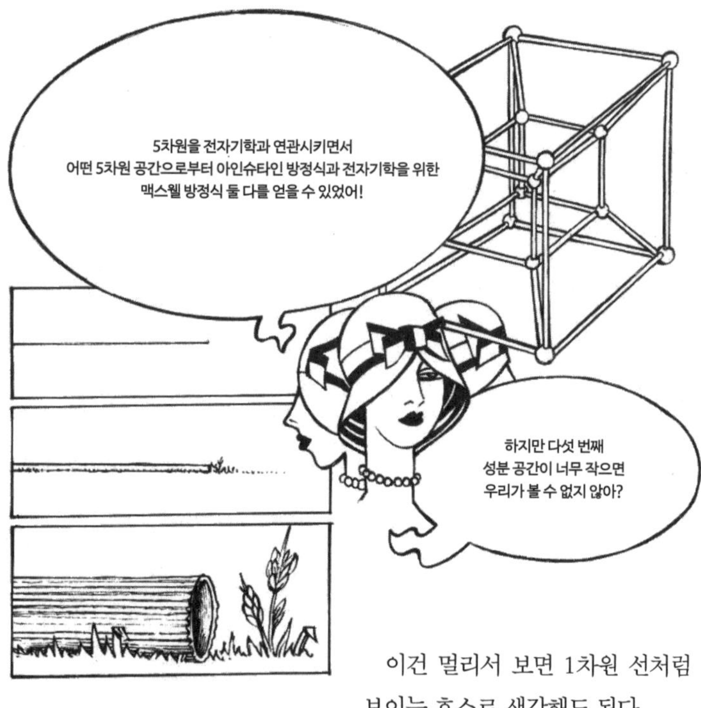

이건 멀리서 보면 1차원 선처럼 보이는 호스로 생각해도 된다.

이 부가적인 차원은 급진적인 관점이긴 하다. 자연에 적어도 네 개의 힘, 중력, 전자기학, 약력, 강력이 있는데, 이 네 개의 힘을 기하학적으로 바라볼 수 있을까?

초끈 이론

초끈 이론은 네 개의 힘을 기하학적으로 포함할 수 있다. 양자 중력에 대한 이 접근 방법이 지금 크게 유행하고 있다. 이 방법은 원래 원자핵 안에 중성자와 양성자를 함께 잡아 두는 강력을 다루는 방법으로 만들어졌다.

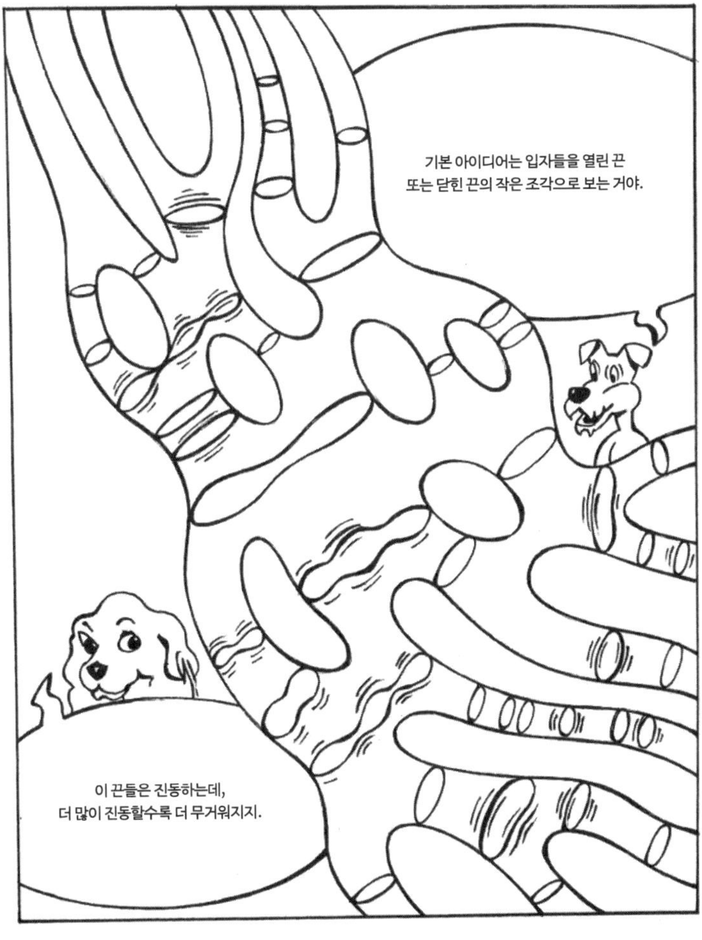

기본 아이디어는 입자들을 열린 끈
또는 닫힌 끈의 작은 조각으로 보는 거야.

이 끈들은 진동하는데,
더 많이 진동할수록 더 무거워지지.

아인슈타인의 꿈을 확장하다

끈 이론의 좋은 점은 끈들이 기타줄처럼 어떤 특정한 주파수에서만 진동할 수 있다고 가정하기만 하면 초끈 이론이 작동한다는 것이다. 그러면 중력이 자동적으로 포함된다.

끈 이론의 다른 좋은 점은
물질과 중력 모두 1차원 끈의 진동으로
설명될 수 있다는 거야.

이로써 자연의 기하학적 이론에 대한
내 꿈의 확장이 이루어진거야.

더 많은 차원을 더하다

하지만 끈 이론은 한 가지 매우 이상한 예측을 하는데, 바로 추가 차원이다. 초끈 이론은 우리가 5차원도 아닌 사실 10차원에서 산다고 예측한다. 당연히 우리는 10차원 공간에서 살고 있지 않다.

이런 추가적인 차원은 매우 높은 에너지에서만 보이기 때문에 이 차원의 존재 여부를 밝히는 시험을 하는 데 오랜 시간이 걸릴 것이다. 하지만 끈 이론은 아인슈타인을 기쁘게 한다는 점에서 확실히 멋진 이론이며, 확실하게 상대성 이론의 근본적인 아이디어를 기반으로 하고 있다.

상대성 이론 아는 척하기

초판 1쇄 인쇄 2021년 10월 20일
초판 1쇄 발행 2021년 10월 27일

지은이 브루스 바셋
그린이 랄프 에드니
옮긴이 정형채 최화정

펴낸이 박세현
펴낸곳 팬덤북스

기획 편집 윤수진 김상희
디자인 이새봄
마케팅 전창열

주소 (우)14557 경기도 부천시 부천로 198번길 18, 202동 1104호
전화 070-8821-4312 | **팩스** 02-6008-4318
이메일 fandombooks@naver.com
블로그 http://blog.naver.com/fandombooks

출판등록 2009년 7월 9일(제2018-000046호)

ISBN 979-11-6169-182-4 (03420)